JN109610

IoT を指向する
バイオセンシング・デバイス技術

Bio-sensing Device Technology for Connecting to IoT

《普及版／ Popular Edition》

監修 民谷栄一・関谷　毅・八木康史

シーエムシー出版

はじめに

　今回，出版する"IoTを指向するバイオセンシング・デバイス技術"では，民谷（バイオセンサーを専門），関谷（フレキシブルデバイスを専門），八木（情報処理を専門）の専門分野の異なる3名により監修，編集，企画を行いました。

　いうまでもなく，IoT（Internet of Thing）は，産業構造や生活様式への変革をも与えると考えられ，これからの新たな情報社会の基盤技術としての期待が大きいです。IoTという語句自体は，1999年にRFIDの研究開発者であったケビン・アシュトンが初めて用いたとされ，当初はRFIDによる商品管理システムを指していました。その後，今日のインターネットが整備され，扱われる情報量も桁違いに大きくなり，情報伝送や情報処理能力などの向上もあって，今日の「モノ（物）」がインターネットに接続され，情報交換することにより相互連携するシステムとして確立されるようになってきています。いうまでもなく，そのシステムで，いろいろな情報をどのように取り込めるかがキーとなっています。すなわちインターネットとリンクし，有用情報を提供できるセンサーシステムの開発が急務となっています。

　本書では，題名にもあるように，いろいろな場面で求められるバイオ・化学センシングについて焦点を当て，これらをIoTにリンクする必要な要素技術を紹介します。例えば第1章では，医療ヘルスケア，食の安全，環境モニタリングなどへの応用が可能なIoTとリンクできるバイオ・化学センシングの事例についても紹介しています。すでに位置（GPS），加速度，光，電気（インピーダンスなど），温度，時間などの物理的な測定項目に関するセンシングデバイスは種々開発され，IoTとのリンクも一部行われています。バイオ・化学センシングについては，ポイントオブケアタイプのセンサーが一部開発はされているが，IoTへのリンクについてはこれからの課題となっています。さらに，第2章では，いろいろな形状の場所や身体の各部位に装着するためのフレキシブルなデバイスの要素技術について示しています。センサーデバイスだけでなく，情報処理，情報伝送，エネルギー供給も含めたフレキシブルデバイスの要素技術，事例を紹介しています。また，センサーデバイスからの一次情報から有用な情報を引き出すためのアルゴリズムなどの開発も極めて重要で，第3章においては個人認証，スポーツ科学など応用についてその事例を紹介しています。

　以上のように，本書では，IoTを指向するバイオセンシング・デバイス技術に関して，大学，国立研究所，企業でご活躍される第一線の研究者の皆様に執筆をいただきました。本書が当該分野の研究開発あるいは利用される方々に対して有用な情報を提供できれば，監修者一同幸いに存じます。

監修者代表
民谷栄一

普及版の刊行にあたって

　本書は 2016 年に『IoT を指向するバイオセンシング・デバイス技術』として刊行されました。普及版の刊行にあたり，内容は当時のままであり加筆・訂正などの手は加えておりませんので，ご了承ください。

　2023 年 10 月

シーエムシー出版　編集部

─── 執筆者一覧 （執筆順） ───

民 谷 栄 一	大阪大学　大学院工学研究科　精密科学・応用物理学専攻
	教授
當 麻 浩 司	東京医科歯科大学　生体材料工学研究所　センサ医工学分野
	助教
荒 川 貴 博	東京医科歯科大学　生体材料工学研究所　センサ医工学分野
	講師
三 林 浩 二	東京医科歯科大学　生体材料工学研究所　センサ医工学分野
	教授
永 井 秀 典	(国研) 産業技術総合研究所　生命工学領域
	バイオメディカル研究部門
	次世代メディカルデバイス研究グループ　研究グループ長
永 谷 尚 紀	岡山理科大学　工学部　バイオ・応用化学科　准教授
山 中 啓一郎	大阪大学　大学院工学研究科　精密科学・応用物理学専攻
	特任研究員
村 橋 瑞 穂	大阪大学　大学院工学研究科　精密科学・応用物理学専攻
	特任研究員
齋 藤 真 人	大阪大学　大学院工学研究科　助教
牛 島 ひろみ	㈲バイオデバイステクノロジー　取締役，企画部長
遠 藤 達 郎	大阪府立大学　大学院工学研究科　物質・化学系専攻　准教授
脇 田 慎 一	(国研) 産業技術総合研究所　バイオメディカル研究部門
	総括研究主幹
坂 田 利 弥	東京大学　大学院工学系研究科　マテリアル工学専攻　准教授
村 上 裕 二	豊橋技術科学大学　電気・電子情報工学系　准教授
山 崎 浩 樹	㈱テクノメディカ　方式開発部　部長
横 田 知 之	東京大学　大学院工学系研究科　電気系工学専攻　講師

南　　　豪　　東京大学　生産技術研究所　物質・環境系部門
　　　　　　　講師，東京大学卓越研究員

南　木　　創　　東京大学　生産技術研究所　東京大学特別研究員

時　任　静　士　　山形大学　有機エレクトロニクス研究センター　教授

德　田　　崇　　奈良先端科学技術大学院大学　物質創成科学研究科　准教授

竹　原　宏　明　　奈良先端科学技術大学院大学　物質創成科学研究科　特任助教
　　　　　　　（現）東京大学　大学院工学系研究科
　　　　　　　マテリアル工学専攻　助教

野　田　俊　彦　　奈良先端科学技術大学院大学　物質創成科学研究科　助教

笹　川　清　隆　　奈良先端科学技術大学院大学　物質創成科学研究科　助教

太　田　　淳　　奈良先端科学技術大学院大学　物質創成科学研究科　教授

荒　木　徹　平　　大阪大学　産業科学研究所　助教

菅　沼　克　昭　　大阪大学　産業科学研究所　教授

関　谷　　毅　　大阪大学　産業科学研究所　教授

北　村　雅　季　　神戸大学　大学院工学研究科　電気電子工学専攻　教授

中　村　雅　一　　奈良先端科学技術大学院大学　物質創成科学研究科　教授

槇　原　　靖　　大阪大学　産業科学研究所　第一研究部門
　　　　　　　複合知能メディア研究分野　准教授

村　松　大　吾　　大阪大学　産業科学研究所　第一研究部門
　　　　　　　複合知能メディア研究分野　准教授

八　木　康　史　　大阪大学　理事・副学長

沼　尾　正　行　　大阪大学　産業科学研究所　大学院情報科学研究科　教授

吉　本　秀　輔　　大阪大学　産業科学研究所　先端電子デバイス研究分野　助教

内　山　　彰　　大阪大学　大学院情報科学研究科　助教

執筆者の所属表記は、2016年当時のものを使用しております。

目　　次

第1章　IoTのためのバイオ・化学センシング

第2章 フレキシブルデバイス

第3章　情報通信・サイバー関連

第1章　IoTのためのバイオ・化学センシング

1　揮発性化学情報（生体ガス・匂い成分）のためのバイオスニファ＆探嗅カメラ

當麻浩司[*1]，荒川貴博[*2]，三林浩二[*3]

1.1　はじめに

　呼気や皮膚ガスなどの生体ガス中には，代謝や疾患と相関のある揮発性有機化合物（化学情報）が含まれている。例えばアンモニアガスは肝疾患との関連性が指摘され，トリメチルアミンは魚臭症候群と関係している。つまり生体ガス中に含まれる揮発性成分を高感度かつ高選択に計測することで，非侵襲的な疾患のスクリーニングや代謝の評価を可能にし，患者の精神的・身体的負担を軽減する新規な医療技術になると期待される。これらの生体ガスを測定する既存の方法として，ガスクロマトグラフ質量分析装置（GC/MS）やガス検知管，半導体ガスセンサなどがあるが，煩雑な操作を必要とすることや，正確な定量が困難，選択性に劣るといった課題があり，簡便性が要求される疾患スクリーニングや，連続性が重要な代謝の評価には適さない。

　一方，生体触媒である酵素の中には揮発性成分を触媒する酵素が多数存在する。著者らは，触媒反応にて酸化型ニコチンアミドアデニンジヌクレオチド（NAD$^+$）を電子受容体とし，還元型のNADHを生成する脱水素酵素を用いて，NADHの自家蛍光（励起波長：340 nm，蛍光波長：490 nm）を検出する生化学式ガスセンサ「バイオスニファ」や，酵素発光技術を利用し揮発性成分をルミノールの化学発光にて光情報に変換することで，成分濃度の時空間分布を可視化する「探嗅カメラ」を開発してきた[1~5]。本稿では，脂質代謝の非侵襲評価を目的とする呼気中アセトンガス用バイオスニファと，アルコール代謝評価のための呼気中アルコールの可視化計測用探嗅カメラについて概説する。

1.2　酵素を利用したガス・匂い成分の高感度センシング

　生体情報をモニタリングする様々な手法が検討されるなか，非侵襲的にサンプリングできる「呼気」や「皮膚ガス」といった生体ガス中の成分濃度を測定する新しい評価方法に関する研究が多数，進められている。図1に示すように生体ガス中の成分は多様な疾患や代謝に起因する

＊1　Koji Toma　東京医科歯科大学　生体材料工学研究所　センサ医工学分野　助教

＊2　Takahiro Arakawa　東京医科歯科大学　生体材料工学研究所　センサ医工学分野　講師

＊3　Kohji Mitsubayashi　東京医科歯科大学　生体材料工学研究所　センサ医工学分野　教授

が，例えば，糖尿病患者の呼気中アセトンガス濃度は健常者よりも高いことや，空腹や運動によりその濃度が増加することが報告されている[6]。空腹時のように体内の糖が不足した状態に運動負荷を加えると，脂肪組織から血中に遊離脂肪酸が放出され，β酸化にてアセチルCoAが生成される。そのアセチルCoAは肝細胞に取り込まれ，ケトン体であるアセトンやアセト酢酸，β-ヒドロキシ酢酸を生成しながらATPを産生する[7, 8]。この経路にて生成されたアセトンは血液を介して，肺でのガス交換にて呼気として体外へ排出されるため，その濃度を測定することで脂質代謝を評価することができる。

　皮膚ガス中にも多様な成分が含まれ，その濃度が時間的・空間的に大きく変動することから，濃度分布をリアルタイムに撮像することで分布の時空間情報を可視化し，発生部位の特定や放出動態の観察が可能になると考えられる。つまりリアルタイムに生体ガスに含まれる成分の計測が可能なガスセンサや可視化システムが開発されれば，簡便かつ非侵襲的に疾患スクリーニングや代謝評価が行えるものと期待される。

　生体ガスは多様な成分から構成されることから，診断や代謝評価では対象成分を選択的に測定することが不可欠である。また生体由来の揮発性成分は低濃度にて放出されるものが多いことから，高感度な計測が必要である。著者らは生体触媒である酵素を用いて，揮発性成分を蛍光や化学発光などの光情報へと変換することで，生体ガス中の成分の連続計測・可視化の可能性について報告してきた[9, 10]。以下に，アセトン用の生化学式ガスセンサ「バイオスニファ」とエタノールガス用の可視化システム「探嗅カメラ」と，それぞれの呼気中成分のモニタリング・可視化計測について詳述する。

1.3　脂質代謝評価のための生化学式ガスセンサ「バイオスニファ」
1.3.1　酵素を用いたアセトンガス用バイオスニファ

　アセトンガス用バイオスニファでは，生体触媒であるsecondary alcohol dehydrogenase（S-ADH）の還元（逆）反応を介して生体ガス中のアセトンを計測する。S-ADHは二級アルコールを基質とする脱水素酵素であり，還元型のNADHや酸化型のNAD$^+$を補酵素とし，環境のpHに

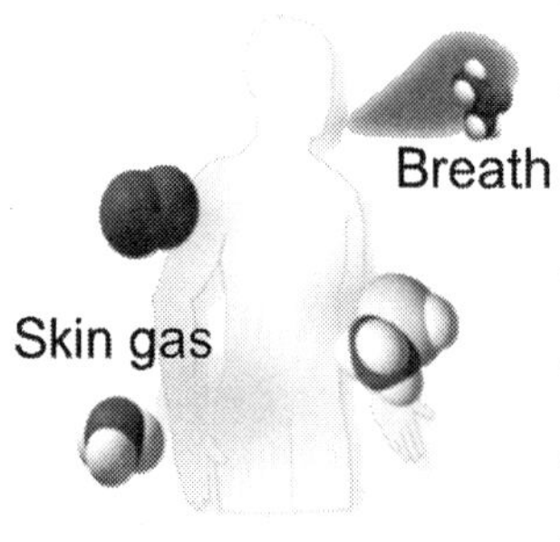

揮発性成分	関連する疾患・代謝
アセトン	糖尿病, 脂質代謝
エタノール	アルコール代謝
アンモニア	肝機能障害, 肝硬変
トリメチルアミン	魚臭症候群
ノネアール	加齢臭

図1　生体ガス（呼気・皮膚ガスなど）中の揮発性成分と関連する疾患・代謝

依存した可逆反応が起こる（(1)式）。

$$\text{acetone} + \text{NADH} \xrightleftharpoons{\text{S-ADH}} \text{2-propanol} + \text{NAD}^+ \tag{1}$$

アセトンガス用バイオスニファではS-ADHの逆反応を利用しており，アセトンの存在下で
NADHが酸化消費されるため，アセトン濃度をNADHの減少（蛍光減少）により測定する。本バ
イオスニファは，紫外発光ダイオード（UV-LED, $\lambda = 335\,\text{nm}$），二分岐光ファイバ，光電子増
倍管（PMT），S-ADH固定化膜から構成される（図2）。UV-LEDからの励起光は二分岐光ファ
イバに接続された光ファイバプローブ端面からNADHに照射され，励起されたNADHから放出
された蛍光を同プローブ端面から集光しPMTにて測定する。またバンドパスフィルター（BPF）
をそれぞれUV-LED側（$\lambda = 340\,\text{nm}$），PMT側（$\lambda = 490\,\text{nm}$）に配置することで，SN比の向上を
図った。光ファイバプローブにはアクリル製のフローセルを装着し，そのセル端面にOリングを
用いてS-ADH固定化膜を固定した。S-ADH固定化膜の作製では，支持膜である親水性の多孔質
ポリテトラフルオロエチレン（PTFE）膜（pore size：$0.2\,\mu\text{m}$，膜厚：$80\,\mu\text{m}$）の表面へS-ADH
（E.C.1.1.1.x，$1\,\text{U/mg prot.}$，$0.5\,\text{unit/cm}^2$）と，2-methacryloyloxyethyl phosphorylcholine（MPC）
と2-ethylhexyl methacrylate（EHMA）の共重合体（PMEH，10 wt% in ethanol）を$10\,\mu l/\text{cm}^2$
にてそれぞれ塗布し，4℃の暗所にて3時間乾燥させることで酵素を包括固定化した[11]。フロー

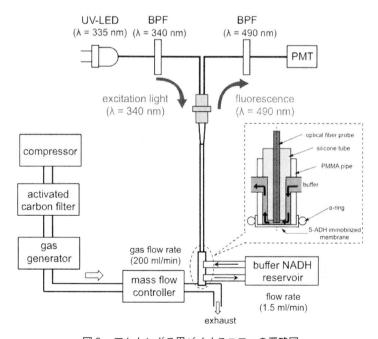

図2　アセトンガス用バイオスニファの概略図
（Y. Ming *et al.*, *Biosens. Bioelectron.*, **73**, 208-213（2015）より改編）

セル中には，補酵素である50 μmol/lのNADHを含むリン酸緩衝液（PB，pH7.0，0.1M）を循環させることで，感応部へNADHを供給しながら余剰基質および反応生成物の除去を行い，アセトンガスの連続計測を行った。

　センサの特性評価では，各濃度のアセトンガスをセンサ感応部へ負荷し，蛍光強度変化を調べた。図3はアセトンガスの負荷における蛍光強度の変化を示したもので，この図からわかるように，ガス負荷に伴う蛍光の減少と濃度に応じた定常出力，そして負荷停止による蛍光強度の増加（回復）が観察された（図3中では蛍光強度の変化量 Δintensityとしている）。また蛍光強度の減少量はアセトンガス濃度に依存する様子も観察され，健常者（200～900 ppb）および糖尿病患者（＞900 ppb）の呼気中アセトン濃度を含む20～5300 ppbの濃度範囲で定量可能（R＝0.999）であった。

　次に本センサに，アセトン並びに主な呼気成分を1 ppmの濃度にて負荷し，それぞれのセンサ出力を比較することで，アセトンガスに対する選択性を調べた（図4）。図4からわかるように，アセトンガス負荷時の出力（100%）に比して，2-ブタノンガスと2-ペンタノンガスから高い出力（139%および117%）が観察されたものの，これらの成分は健常者の呼気中ではアセトンガスに比して極めて低濃度に存在している（アセトン628 ppb，両成分0.38 ppb）ため[12]，実際の呼気計測には影響を及ぼさないと考えられる。また他の成分からは出力がほとんど観察されなかったことから，S-ADH固定化バイオスニファは酵素の基質特異性に基づき，呼気中のアセトンガスを高い選択性にて計測できるものと考えられた。

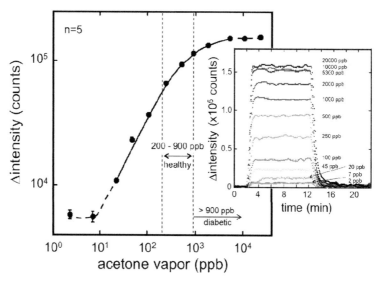

図3　アセトンガス用バイオスニファの応答特性と定量特性
（Y. Ming *et al.*, *Biosens. Bioelectron.*, **73**, 208-213（2015）より改編）

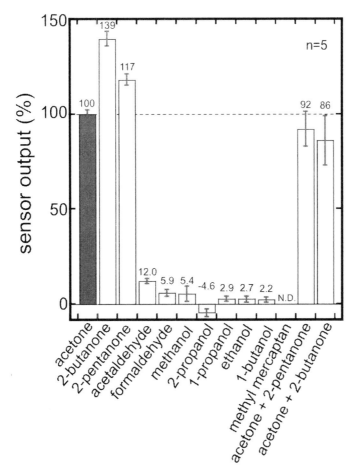

図4　S-ADH固定化バイオスニファの選択性（アセトン並びに主な呼気成分との出力比較）
（Y. Ming *et al.*, *Biosens. Bioelectron.*, **73**, 208-213（2015）より改編）

1.3.2　呼気中アセトン計測による脂質代謝評価

　構築したアセトンガス用バイオスニファにて，運動負荷に伴い変化する呼気中アセトン濃度を計測し，脂質代謝評価へと応用した（東京医科歯科大学・生体材料工学研究所・倫理委員会　承認番号：2014-01）。実験では，予め趣旨を説明し同意を得た健常成人の被験者が6時間の絶食の後，エルゴメーターにて30分間50Wの負荷をかけて有酸素運動を行った。呼気サンプルは，運動30分前から運動後150分の間で適宜サンプルバッグを用いて採取し，本センサにて呼気中アセトンガス濃度を計測した。その結果，運動前には900ppb以下であった濃度が，運動負荷の開始後に徐々に上昇し，運動終了後15〜30分でピーク（1160ppb）に達した（図5）。その後，安静状態を保つことで，次第に呼気中アセトン濃度が漸次減少し，運動負荷開始前の定常値へ戻る様子が観察された。これは空腹状態の被験者に有酸素運動の負荷をかけることで，脂肪代謝により肝細胞でケトン体が生成され，肺でのガス交換にて揮発性のアセトンが呼気として放出されたこ

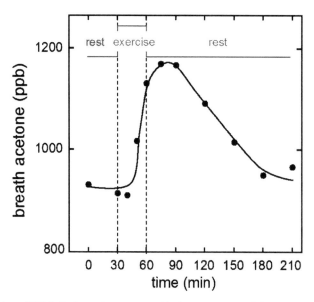

図5　運動負荷（50 W）における呼気中アセトンガス濃度の経時変化
（Y. Ming *et al.*, *Biosens. Bioelectron.*, **73**, 208-213（2015）より改編）

とで，呼気中のアセトンガス濃度が上昇したと考えられる。また実験前後にてセンサの定量特性を比較したところ，出力低下および定量特性の変化は観察されず，計測後でもセンサ特性が劣化しないことが明らかとなった。以上の結果より，アセトンガス用バイオスニファにて呼気中のアセトンガス計測が可能であり，有酸素運動に伴う脂質代謝の非侵襲評価において有効に利用できるものと考えられた。

1.4　呼気中エタノール用の可視化計測システム「探嗅カメラ」

1.4.1　エタノールガス用探嗅カメラ

　エタノールガス用探嗅カメラでは，アルコール酸化酵素（AOD）と西洋わさび由来ペルオキシダーゼ（HRP）の2段階酵素反応にて，揮発性化学情報であるエタノールガスを光情報に変換し，可視化計測した（(2), (3)式）。

$$\text{ethanol} + O_2 \xrightarrow{\text{AOD}} \text{acetaldehyde} + H_2O_2 \tag{2}$$

$$\text{luminol} + H_2O_2 + OH^- \xrightarrow{\text{HRP}} \text{3-aminophthalate} + 2H_2O + N_2 \tag{3}$$

　上式に示すように，AODはエタノールを酸化触媒し，その酵素反応により生成された過酸化水素が，HRPによるルミノールとの酵素反応により，励起状態である3-アミノフタラートを生成する。本システムでは，3-アミノフタラートが基底状態へエネルギー準位を下げる際の化学発

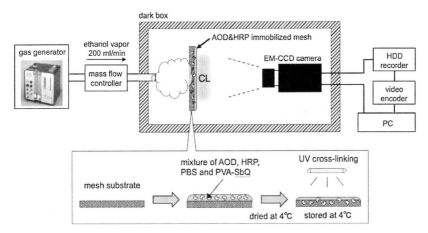

図6　エタノールガス用探嗅カメラの概略図とAOD/HRP固定化メッシュの作製手順
(T. Arakawa *et al., Sens. Actuators, B,* **186**, 27-33（2013）より改編)

光（λ＝425 nm）を高感度CCDカメラにて撮像することで，エタノールガスを可視化し，その濃度を時空間分布の情報として示すことができる。

　実験では，上記2種の酵素をメッシュ状担体に固定化した酵素メッシュと，高感度CCDカメラを用いて，エタノールガス用探嗅カメラを構築した。AOD/HRP固定化メッシュは，市販のコットンメッシュ担体にAOD，HRP，そして光架橋性ポリマーであるPVA-SbQの混合液を均一に塗布し，4℃の暗所にて乾燥後，紫外線を照射することで酵素を包括固定化し作製した[5, 13]。可視化測定の前には，AOD/HRP固定化メッシュをトリス緩衝液にて洗浄脱水し，5 mmol/lルミノール溶液に浸漬した後に暗箱内に設置した（図6）。

　システムの特性評価では，各濃度のエタノール標準ガスをAOD/HRP固定化メッシュへと負荷した時のルミノール発光強度変化を高感度CCDカメラにて撮像し，多機能汎用画像解析ソフト（cosmos32）を用いて解析を行った。測定の結果，エタノールガスの負荷点を中心とし，同心円状に広がるルミノール発光が観察され，発光強度がガス濃度に依存する様子が示された（図7(a)）。また平均発光強度の経時変化をプロットすると，出力がガスの負荷に伴い増加し，ピーク強度に到達後，漸次減少していく様子が観察された。負荷したガス濃度と平均発光強度には相関関係があり，本探嗅カメラの定量範囲を調べたところ，飲酒運転（＞78 ppm）および急性中毒（＞390 ppb）の呼気中エタノール濃度を含む10～400 ppmの範囲で定量可能（R＝0.998）であった（図7(b)）。

1．4．2　呼気エタノールガスの可視化計測とアルコール代謝能の評価応用

　エタノールガス用探嗅カメラを飲酒後の呼気計測に適用した。実験では本カメラにて，アルコール飲酒に伴う呼気中エタノール濃度の経時変化を可視化計測し，アルコール代謝能評価の可能性を調べた（東京医科歯科大学・生体材料工学研究所・倫理委員会　承認番号：0908-1）。実

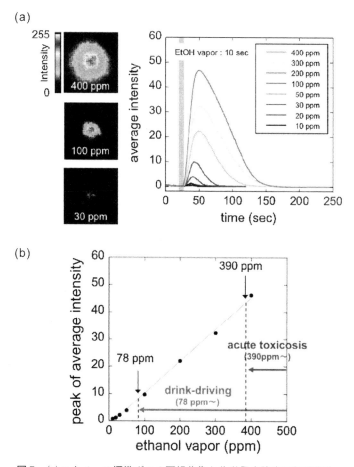

図7　(a)エタノール標準ガスの可視化像と化学発光強度の経時変化,
　　　(b)探嗅カメラのエタノールガスに対する定量特性
（T. Arakawa *et al.*, *Sens. Actuators, B*, **186**, 27-33（2013）より改編）

験では，予め趣旨を説明し同意を得た健常成人の被験者（アルデヒド脱水素酵素2（ALDH2）の活性型ALDH2（＋）および非活性型ALDH2（－））にて，実験前72時間のアルコール類，タバコならびに薬の使用を制限し，4時間の絶食後に0.4 g ethanol/kg body weightのアルコールを15分かけて摂取した。呼気サンプルは，アルコール摂取後に直接，酵素固定化メッシュへと吹きかけることで探嗅カメラへと負荷した（図8(a)）。飲酒30分後のALDH2（－）被験者の呼気中エタノールの可視化像を図8(b)に示す。x-y軸は発光強度の2次元分布を，z軸はその強度を表しており，この方法により，呼気中エタノールガスの可視化およびガス濃度の時空間分布情報の直接的な計測が可能となった。

　図9に両被験者の飲酒後の呼気中エタノールの可視化像と濃度の経時変化を示した。図9からわかるように，ALDH2の活性型，非活性型に関わらず，呼気中エタノール濃度は飲酒後から増

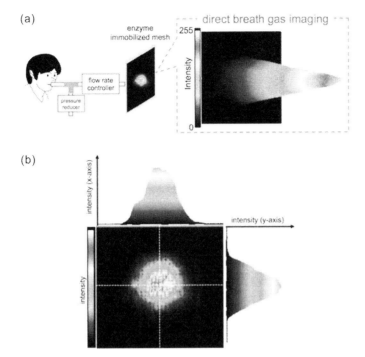

図8　(a) 探嗅カメラによる呼気中エタノールガスの可視化，
　　　(b) 飲酒30分後の呼気中エタノールガスの可視化像

（T. Arakawa *et al.*, *Sens. Actuators, B*, **186**, 27-33（2013）より改編）

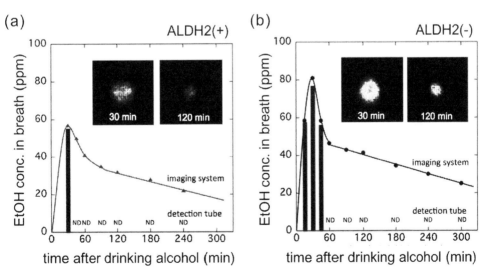

図9　(a) ALDH2（＋）と (b) ALDH2（－）被験者の飲酒後の呼気中エタノール可視化像（飲酒後30分，120分）
　　　と，呼気濃度の経時変化（棒グラフ：検知管での測定結果［50〜2000 ppm］）

（T. Arakawa *et al.*, *Sens. Actuators, B*, **186**, 27-33（2013）より改編）

加し，飲酒30分後にピーク値を迎えた後，徐々に減少していく様子が観察された。またALDH2（−）はALDH2（＋）に比し，高いピーク濃度が示された（約80 ppmならびに60 ppm）。これは，エタノールの代謝物であるアセトアルデヒドを酸化触媒するALDH2が非活性であるALDH2（−）の被験者は，ALDH2（＋）に比してアセトアルデヒドの代謝能が低く，結果として元の由来成分であるエタノールの酸化も抑制したことによると考えられた。本探嗅カメラにて可視化計測した呼気中エタノール濃度は検知管（定量範囲：50〜2000 ppm）で計測した値と矛盾なく，合致した。以上の結果より，エタノールガス用探嗅カメラにて呼気中エタノールガスの可視化計測が可能であり，ガス成分濃度の時空間情報を取得することで，直接的かつ簡便なアルコール代謝能評価の可能性が示唆された。

1.5　おわりに

　呼気など生体ガス中の揮発性成分（化学情報）を計測・可視化することで，簡便かつ非侵襲的な疾病スクリーニングや代謝評価を実現する生化学式ガスセンサの例として，生体触媒である酵素と光技術を融合した，脂質代謝評価のための「アセトンガス用バイオスニファ」や，エタノール代謝の非侵襲評価のための「エタノールガス用探嗅カメラ」を開発した。運動負荷時の呼気中アセトン濃度をバイオスニファにて計測したところ，運動負荷に伴う濃度の上昇とその後の安静状態に伴う減少が観察された。また，飲酒後の呼気中エタノールを探嗅カメラにて可視化計測したところ，ガス成分濃度の空間分布が視認され，飲酒に伴うエタノール濃度の上昇と代謝による減少が観察された。

　今後，本バイオスニファおよび探嗅カメラを用いることで，呼気中アセトンガスの連続計測による脂質代謝評価や，皮膚ガス中エタノールの可視化による発生部位の特定や放出動態観察の可能性が考えられる。これら生化学式ガスセンサ・可視化システムの技術は，生体ガス中の成分を簡便かつ非侵襲的に評価できるもので，呼気中のみならず皮膚ガスなど様々な生体ガスから得られる多様な揮発性化学情報（匂い・ガス成分）を対象としたセンサへの展開が期待される。

文　　　献

1) T. Arakawa, X. Wang, E. Ando, H. Endo, D. Takahashi, H. Kudo *et al.*, *Luminescence*, **25**, 185-187（2010）

2) T. Arakawa, E. Ando, X. Wang, M. Kumiko, H. Kudo, H. Saito *et al.*, *Luminescence*, **27**, 328-333（2012）

3) M. Ye, P.-J. Chien, K. Toma, T. Arakawa, K. Mitsubayashi, *Biosens. Bioelectron.*, **73**, 208-213（2015）

4) H. Kudo, M. Sawai, Y. Suzuki, X. Wang, T. Gessei, D. Takahashi *et al.*, *Sens. Actuators, B*

Chem., **147**, 676-680（2010）

5) T. Arakawa, X. Wang, T. Kajiro, K. Miyajima, S. Takeuchi, H. Kudo *et al.*, *Sens. Actuators, B Chem.*, **186**, 27-33（2013）

6) T. P. J. Blaikie, J. A. Edge, G. Hancock, D. Lunn, C. Megson, R. Peverall *et al.*, *J. Breath Res.*, **8**, 46010（2014）

7) K. Musa-Veloso, S. S. Likhodii, E. Rarama, S. Benoit, Y. M. C. Liu, D. Chartrand *et al.*, Nutrition, **22**, 1-8（2006）

8) K. Musa-Veloso, S. S. Likhodii, S. C. Cunnane, *Am. J. Clin. Nutr.*, **76**, 65-70（2002）

9) X. Wang, E. Ando, D. Takahashi, T. Arakawa, H. Kudo, H. Saito *et al.*, *Talanta*, **82**, 892-898（2010）

10) H. Kudo, M. Sawai, X. Wang, T. Gessei, T. Koshida, K. Miyajima *et al.*, *Sens. Actuators, B Chem.*, **141**, 20-25（2009）

11) H. Kudo, T. Yagi, M. X. Chu, H. Saito, N. Morimoto, Y. Iwasaki *et al.*, *Anal. Bioanal. Chem.*, **391**, 1269-1274（2008）

12) S. Van den Velde, F. Nevens, P. Van hee, D. van Steenberghe, M. Quirynen, *J. Chromatogr. B Anal. Technol. Biomed. Life Sci.*, **875**, 344-348（2008）

13) X. Wang, E. Ando, D. Takahashi, T. Arakawa, H. Kudo, H. Saito *et al.*, *Analyst*, **136**, 3680-3685（2011）

2 遺伝子センシング

永井秀典*

2.1 はじめに

　遺伝子検査技術の進展は，研究者が生命の設計図であるゲノム情報へアクセスすることを容易にし，国際的に推進されたヒトゲノムプロジェクト[1,2]の例を待たずとも，生物学や医学の飛躍的な発展に大きく寄与してきた。遺伝子検査技術においては，1980年にFrederick SangerとWalter Gilbertへノーベル化学賞をもたらしたDNAシーケンシング技術[3]と，1993年にやはりKary Banks Mullisまで同賞をもたらしたポリメラーゼ連鎖反応（Polymerase Chain Reaction：PCR）法がキーテクノロジーと言える[4]。前者は，未知のDNAの配列情報を解読する技術であり，後者は，DNAシーケンサーなどにより判明した既知配列のDNAが，対象とする試料中に含まれているかどうかを超高感度に見つけ出す技術として棲み分けられている。それぞれ時代とともに改良が加えられ，前者は，次世代シーケンサーと呼ばれる製品群として現在も研究開発が進められ，驚異的に進化した解析スピードにより，多種多様な生物のゲノム情報や，個人レベルでの遺伝子情報の解読のため，研究用途を中心に利用されている。一方，PCR法についても，蛍光プローブを利用して，標的遺伝子の定量を実現したリアルタイムPCR（quantitative PCR：qPCR）法[5,6]や，逆転写反応（Reverse transcription）と組み合わせてDNAのみならずRNAを定量するRT-qPCR法[7]が開発され，研究から検査用途まで幅広く利用されている。特に，qPCR法やRT-qPCR法は，ヒトや動植物に限らず，微生物のDNAもしくはRNAを1分子から指数関数的に増幅して検出する技術であり，その比類なき検出感度から，感染症における確定診断法として，古典的な培養法やウイルス分離法の代替法としての採用が始まっている[8]。

　このようにPCR法は，感染症や微生物の診断及び検査法として広く普及しているものの，実際の利用は，研究室や検査センター内がほとんどであり，さらに臨床や検査の現場まで浸透するには，幾つかの課題が存在している。その最も象徴的な事例として，2014年に世界中を震撼させた西アフリカにおけるエボラウイルスのアウトブレイクの現場を挙げることができる。WHOを中心に，流行拡大の防止を目的として，エボラウイルスの診断とサーベイランスが実施されたが，各地の血液試料を持ち帰り検査が行われたのは，それほど多くはない中核病院か，移動式もしくは仮設のラボにおいてであった。したがって，試料の輸送と検査を合わせた数日間，緊急を要するエボラウイルスと，その他初期症例の類似するマラリアやデング熱といった疾患との判別がなされるまで，感染を疑われる患者は，隔離されることなく家族やコミュニティと接触が継続し，二次感染を引き起こす要因となっていた。そのため，WHOは，表1に示すエボラウイルスに対する迅速な現場検査法（Point of care testing：POCT）の要求仕様を公表し公募するとともに，性能評価などを実施し当該診断機器の研究開発の加速化を推進してきた[9,10]。公募の結果，22件

＊　Hidenori Nagai　　(国研)産業技術総合研究所　生命工学領域　バイオメディカル研究部門
　　　　　　　　　　　次世代メディカルデバイス研究グループ　研究グループ長

表1　WHOが要求するエボラウイルス病診断用POCTシステムの仕様[9]

項目	要求仕様	許容仕様
使用環境	遠隔地（僻地）	簡易ラボ内
臨床感度	＞98%	＞95%
臨床特異度	＞99%	＞99%
分析のタイプ	定量的もしくは定性的	定性的
対応する試料	微量全血もしくは唾液など	採血
操作ステップ	＜3	＜10
バイオセーフティー	追加設備が不要のこと	追加設備が不要のこと
分析時間	30分以内	3時間以内
装置サイズ	携帯可能なハンドヘルド型（＜2kg）	携帯可能なデスクトップ型
電源	使用時に外部電源不要（充電式バッテリーにより8時間稼働のこと）	110～220 V AC（充電式バッテリーにより8時間稼働のこと）

の提案があり，その多くはRT-qPCRをベースとする機器であった。しかし，分析時間として30分以内の要求を満たしたシステムがないため，最終的にWHOが現場で採用したエボラ診断用のツールは，感度や特異性に問題があるイムノクロマトキットであった。ニーズは非常に高いにも限らず，POCTとしてPCR法が採用されるには至らなかった理由として調達コストや物流の課題も考えられるが，分析時間の短縮と，どこでも利用できる携帯性や利便性に優れたPCR技術は，POCTにおけるスタンダードになり得るものと考えられる。しかも，極めて短時間に，また手軽なサイズの機器として利用可能となれば，もはやPCR法は，標的とするDNAやRNAを単に増幅するための前処理技術ではなく，遺伝子センサーとして，あらゆるシチュエーションにおいて様々な病原体の検知に利用できると考えられる。

2.2　超高速PCR技術

一般的なPCR用サーマルサイクラーは，200 μlのPCRチューブへ25 μlの反応液を入れ，96穴のペルチェヒーターに挿入し，約95℃のDNAの変性反応，45～60℃でのアニーリング反応，72℃の伸長反応を30サイクル以上繰り返す方式である。このペルチェヒーター方式は，ヒートブロックの大きな熱容量と，チューブへの伝熱の効率の低さから，温度変化に1℃/s以上もかかり，各反応における保持時間とは別に，各サイクル1分以上（40サイクルであれば40分以上）を無駄に要し，1時間以上かかっていた。そこで，PCR法の高速化について，20年以上にわたり研究開発が行われてきたが，最も代表的な手法は，細管型のチューブを利用したサーマルサイクラーである。伝導の効率を高めるため，チューブを細管化し，かつ赤外線照射と強制空冷により，10℃/s程度まで温度変化を早め，40サイクルのPCRの時間について40分以下まで時間短縮が実現されている[11]。

このように，改良した容器により熱伝導を迅速化することで，サーマルサイクリングを高速化

する研究開発が，その他にも幾つか報告されてきた[12, 13]。細管型をさらに発展させたイメージであるが，フォトリソグラフィにより，$100\,\mu m$以下のサイズまで薄層化した容器を利用することで，反応液の熱容量を極限まで微小化すると同時に，伝熱に寄与する比表面積を最大化したマイクロウェル方式である。特に，熱伝導率に優れたシリコン製のマイクロウェルを用いた報告では，40サイクルに対して20分以下の高速なサーマルサイクルを実現している[12]。なお，マイクロウェルの加熱及び冷却には，PCRに必要な各温度に制御された複数のヒーターを使用しており，これは，設定値以上の温度までオーバーシュートすることを防ぐために極めて有効な手法である。理論上，高速な加熱には瞬時に大きな熱を与えれば良いのであるが，単に強力な熱源を用いて，小さな熱容量のマイクロウェルを加熱してしまうと，想定した温度へ正確に制御することは極めて困難である。もしDNAの変性反応の95℃を超えて100℃に達してしまえば容易に反応液が揮発してしまうことが考えられるためである。このように複数の温度に設定した熱源をいかに早く入れ替えるかも高速なサーマルサイクルにおいて重要と言える。そこで，熱伝導性に優れた金属片上に反応液を滴下し，金属片を介して，2種類の温水を繰り返し接触させる高速なサーマルサイクラーも報告されている[14, 15]。

　以上紹介したサーマルサイクラーはいずれも，既存のPCR装置と同じく，容器中に反応液を保持させたまま温度変化させる方式であるが，それらに対し，微小流路を用いて高速な熱交換をするアプローチも報告されている[16〜20]。これは，PCRに必要な各温度について，それぞれ一定に保持した複数の温度領域上を，1本の蛇行する微小流路内を連続的に流れながら熱交換する方式である。これを連続流PCR（Continuous-flow PCR）法と呼ぶが，反応容器である微小流路は領域ごとに一定温度に保持されており，サーマルサイクルのために温度変化するのは，反応溶液のみであることから，最も理想的な熱交換が可能であると考えられる。実際に，Koppらにより初めて連続流PCRが報告された際，既存のサーマルサイクラーに比べ増幅効率は不十分ではあったが，流路出口で蛍光測定することにより，20サイクルを2.5分程度の時間で，標的DNAがネガティブコントロールの場合と比べて有意な差を持って検出されることが確認された[18]。つまり，これまでのPCR法が目的のDNAを大量に複製する前処理法としても用いられてきた概念を覆し，いかに短時間で必要量だけ増幅し検出するか，つまり遺伝子センサーとして利用する概念を打ち立てた初めての報告であると言える。ただし，この連続流PCRにおいても課題がないわけではなかった。その1つ目は，蛇行した長い微小流路内を流れ続けるため，反応溶液の接触する表面積は通常のPCRチューブに比べて極めて大きく，試料であるDNA分子やプライマー，DNAポリメラーゼといった成分を流路内壁への非特異吸着により奪われ易く，低濃度のDNAの増幅に不利な点である。この場合においても，シリンジポンプにより反応液を連続的に送り続けることにより，徐々に増幅したPCR産物が，流路入口より順に流路内壁にコーティングされるため，最終的に流路出口においても検出されるようになるが，流路へ送液した反応溶液の先頭側の溶液の一部からは暫くPCR産物が検出されず，試料中の標的DNAの定量を行う際には，一定濃度として検出されるまで待つ必要があり，注意が必要である。

　さらに加えて，連続流PCR法における課題は，DNAの変性反応のための高温領域における気泡発生の影響である。一般にDNAの変性には，95℃の条件が利用されるが，水の蒸気圧として，ほぼ1気圧に近く，大気圧条件下では僅かながらも微小な気泡が流路内で生じてしまう。これらの微小な気泡が送液とともに移動する場合は，すぐに低温領域にて消失するため問題とならないが，蛇行流路内の高温領域に停滞してしまった場合，徐々に気泡のサイズが成長し，最終的に連続流を分断する形で送液を止めてしまう。この現象は，連続流PCR法において極めて頻繁に発生し，現在においても連続流PCR法による製品が上市されていない最大の理由と考えられる。この問題を解決するために，民谷らはあらかじめ蛇行流路内部にミネラルオイルを充填し，反応溶液により押し出す形で送液することで，反応溶液の内圧を上昇させて気泡の発生を抑制する手法を報告している[20]。これにより，流路内壁への吸着抑制も実現できるため極めて有効な手法であるが，加圧するために，使用するオイルには一定以上の粘性が必要であり，却って流体の抵抗を増大させ高速な送液を阻害し，高速な連続流PCRの妨げとなっていた。

　そこで我々は，連続流PCR法における迅速な遺伝子センシングの特性を活かしつつ，気泡発生の影響を排除するため，反応溶液をプラグ状で送液するセグメントフローPCR法を開発した（図1）[21]。通常，微小流路内における流体の速度分布は，レイノルズ数が小さいため乱流は生じず，流路中心では最も早く，壁面では最も遅いことが知られている。そのため，連続流PCRでは，偶発的に発生した気泡は壁面近傍に吸着するような形で滞留し徐々に成長してしまうと考えられる。一方，セグメントフローPCR法では，連続流PCR法と同じく蛇行流路を用いて送液しながらサーマルサイクルを行うが，10〜25 μl程度のプラグ状で中空の流路内を送液させるため，もし高温領域上で気泡が発生しても，プラグ状の反応溶液とともに低温領域に移動するか，気相中に解放されるため，気泡の成長による送液の停止は一切引き起こされない。したがって，極めて再

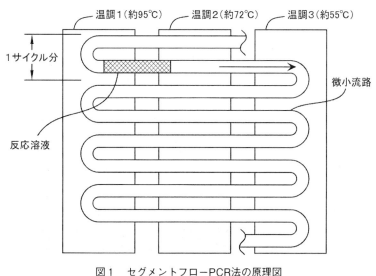

図1　セグメントフローPCR法の原理図

現性の高い送液が可能となり，連続流PCR法で最も懸案であった送液停止による分析の歩留まりを解消することに成功した。しかも，微小流路内をプラグ状に送液する場合，反応溶液のプラグの先頭部分において，流路中心の早い流れの中の成分は行き場がなくなり壁面側へ周り，一方，プラグの後端でも，やはり行き場を失った壁面の成分が流路中心側に周り，プラグ全体として強制的な対流が生み出されることが知られている[22]。これにより，PCRを構成するアニーリングや伸長反応といった拡散律速の反応を，連続流PCR法に比べて迅速化する効果が期待される。実際に，セグメントフローPCR法を用いることで，40サイクルを8分まで短縮することに成功した[23]。ただし，流路内壁への非特異吸着の影響はますます増大することから，流路コーティングによる感度低下を抑制することが不可欠である。

　微小流路を用いて高速に熱交換する方式としては，連続流PCR法とその改良であるセグメントフローPCR法とは別に，同一流路内を往復送液させて実現した往復送液方式のPCR法も幾つか報告されている[24~27]。それらは，Reciprocal-flow PCRやOscillating-flow PCRなどと呼ばれているが，ここではレシプロカルフローPCR法と呼ぶ。微小流路の同一の範囲内を往復するため，もし流路内壁への非特異吸着が生じても，繰り返し反応溶液が接触するため，非特異吸着によるロスもなく特別な流路コーティングは不要である。しかも，レシプロカルフローPCR法では反応溶液は液滴もしくはプラグ状であり，前述の強制対流による反応の迅速化の効果が見込まれる。また，連続流PCR法やセグメントフローPCR法では，ポンプ速度は一定に保たれているため，DNAの変性反応やアニーリング及び伸長反応の時間は各温度領域との接触長さに依存し，標的遺伝子によって変わる反応条件の変更については容易ではなかった。それに対し，レシプロカルフローPCR法では，各温度領域上に保持する時間は，ポンプを駆動するコンピューターにより任意に設定できるため，共通のシステムを用いて，測定対象に合わせて反応条件をフレキシブルに対応することが容易である。我々も写真1に示すレシプロカルフローPCR用のマイクロ流路チップを開発し，45サイクル7分の極めて高速なサーマルサイクルを実現した（図2）。

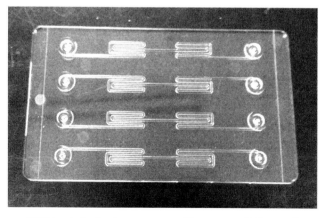

写真1　レシプロカルフローPCR用のマイクロ流路チップ

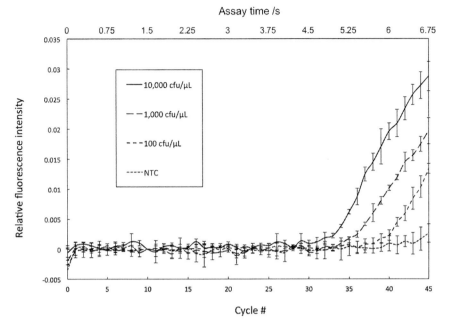

図2　レシプロカルフローPCR法による迅速な大腸菌の検出

2.3　IoTによる遠隔医療を志向した遺伝子センシングシステム

　迅速に分析可能なレシプロカルフローPCR用のマイクロ流路チップに合わせて，我々は専用の
ポータブルな遺伝子センシングシステムを開発した（写真2）[27]。遺伝子センシングにおいては，
冒頭に触れたとおり，感染症の現場診断としてのニーズが高い。そこで，携帯性に優れた医療機
器を想定し，A4アタッシュケースサイズで充電式バッテリーにより4時間以上連続で稼働でき
るシステムを実現している。システム構成としては，写真1のマイクロ流路チップの4本の微小
流路の全てに，高温と低温の2つのヒーターが接触し，流路の両端から交互に空気により送液す
るためのマイクロポンプを接続する空気用のラインが合計8個用意されている。4本の微小流路
のそれぞれの中央部に合わせ，小型な蛍光検出器を個別に配置しており，往復送液のサイクル毎
に蛍光を計測し，リアルタイムPCRの増幅曲線が取得可能である。

　さらに医療機器では，安定した動作が求められることは言うまでもない。そこで，開発した遺
伝子センシングシステムの制御PCには，ナショナルインスツルメンツ製の組込コンピューター
とリアルタイムOSの組み合わせにより，不意なフリーズといったエラーがなく，確定的で安定
した動作をするように配慮してある。使用した組込コンピューターには，Wi-Fiルーター機能が
内蔵されており，無線アドホックネットワークとして6台まで同時接続が可能で，複数のノート
PCやタブレット端末を用いて，無線LANを通じた操作とデータ通信が可能である。また，シス
テムの設定により，PCやタブレット端末などを介さずとも，インフラの無線LANを通じて，遠
隔地とのデータのやり取りも可能である。このように開発したシステムは，IoT化された遺伝子

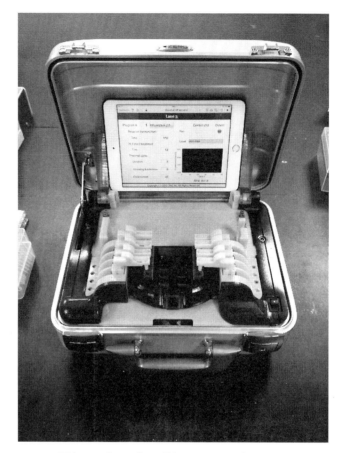

写真2 ポータブルな遺伝子センシングシステム

センサーであり，将来想定される遠隔医療時代において，在宅や検体検査室の現場で医師が不在であっても感染症の迅速な検査を実現し，さらにインターネットを通じて得た結果に基づいて専門医が適切な診断を行い，現場の調剤薬局などとの連携で正しく投薬治療が実施できるようになると考えられる。

2.4 おわりに

エボラウイルスといった新興ウイルスのみならず，結核や肺炎球菌といった旧来から存在する病原体について，現場で迅速に診断できる技術は極めて重要である。昨今の世界的に問題となっているカルバペネム耐性菌をはじめ，新たな薬剤耐性菌の出現は，安易に広域な抗菌薬を投薬することが一因となっており，正確な診断で適切な薬剤使用を行うことは，無用な耐性菌の発生を防ぐといった保健衛生上の問題だけでなく，医療費抑制の観点でも極めて重要であり，次世代の医療機器として，迅速な遺伝子センシングシステムが早期に社会実装されることが望まれる。

文　　献

1)　E. S. Lander *et al.*, *Nature*, **409**, 860（2001）

2)　J. C. Venter *et al.*, *Science*, **291**, 1304（2001）

3)　F. Sanger *et al.*, *PNAS*, **74**, 5463（1977）

4)　K. B. Mullis *et al.*, *Methods. Enzymol.*, **155**, 335（1987）

5)　C. A. Heid *et al.*, *Genome Res.*, **6**, 986（1996）

6)　C. T. Wittwer *et al.*, *BioTechniques*, **22**, 134（1997）

7)　T. Yajima *et al.*, *Clin. Chem.*, **44**, 2441（1998）

8)　M. Ieven, *J. Clin. Virol.*, **40**, 259（2007）

9)　A. C. Chua *et al.*, *PLoS Negl. Trop. Dis.*, **9**(6), e0003734（2015）

10)　*Bulletin of the World Health Organization*, **93**, 215（2015）

11)　C. T. Wittwer *et al.*, *BioTechniques*, **10**, 76（1991）

12)　H. Nagai *et al.*, *Biosens. Bioelectr.*, **16**, 1015（2001）

13)　J. Liu *et al.*, *Electrophoresis*, **23**, 1531（2002）

14)　H. Terazono *et al.*, *Jpn. J. Appl. Phys.*, **49**, 06GM05（2010）

15)　E. K. Wheeler *et al.*, *Analyst*, **136**, 3707（2011）

16)　H. Nakano *et al.*, *Biosci. Biotechnol. Biochem.*, **58**, 349（1994）

17)　K. D. Dorfman *et al.*, *Anal. Chem.*, **77**, 3700（2005）

18)　M. U. Kopp *et al.*, *Science*, **280**, 1046（1998）

19)　N. R. Beer *et al.*, *Anal. Chem.*, **79**, 8471（2007）

20)　T. Nakayama *et al.*, *Anal. Bioanal. Chem.*, **396**, 457（2010）

21)　Y. Fuchiwaki *et al.*, *Anal. Sci.*, **27**, 225（2011）

22)　C. King *et al.*, *Microfluid. Nanofluid.*, **3**, 463（2007）

23)　S. Furutani *et al.*, *Anal. Sci.*, **30**, 569（2014）

24)　J. Chiou *et al.*, *Anal. Chem.*, **73**, 2018（2001）

25)　W. Wang *et al.*, *J. Micromech. Microeng.*, **15**, 1369（2005）

26)　S. Brunklaus *et al.*, *Electrophoresis*, **33**, 3222（2012）

27)　S. Furutani *et al.*, *Anal. Bioanal. Chem.*, **408**, 5641（2016）

3 食品機能センシング

永谷尚紀*

3.1 はじめに

　私たちが食べている食品には，様々な機能が備わっている。この食品の機能は，1984年から1986年に実施された文部省特定研究「食品機能の系統的解析と展開」において大きく３つの機能に定義されている。炭水化物，タンパク質，脂質などのヒトの成長，維持に必要な栄養機能（一次機能），色，味，香り，歯応えなどの感覚機能（二次機能），疾病予防，疾病回復，老化防止などの生命活動の調節機能（三次機能）の３つの機能である[1]。食品への機能性表示には国が定めた基準があり，1991年に特定保健用食品（トクホ）の制度が導入され1998年に認可され，現在では多くのトクホが表示された商品が販売されている。また，機能性表示食品の制度が2015年４月から開始され，食品の持つ機能に関して注目が集まっている。本稿では，食品の機能性表示の解説，食品機能のセンシング（抗酸化力測定），食品機能のIoT利用の現状と可能性を紹介する。

3.2 食品の機能性表示

　私たちが口に入れるものは，食品か薬のどちらかに日本の法律（医薬品医療機器等法及び食品衛生法）で定義されている。機能性を表示することができる食品は，栄養機能食品，特定保健用食品（トクホ），機能性表示食品があり，これらは保健機能食品と位置付け，機能性が表示できない食品を一般食品としている（図１）[2]。栄養機能食品は，カルシウム，カリウムなどのミネラル６種類，ビタミンA，ナイアシンなどのビタミン16種類，n-3系脂肪酸が国の設定した基準を含んでいれば，届出なしに国が定めた定型文で企業の責任で機能性の表示が可能である。特定保健用食品は，効果や安全性について国が審査を行い，食品ごとに消費者庁長官が許可することで機能性の表示が可能となる。機能性表示食品は，販売前に安全性及び機能性の根拠に関する

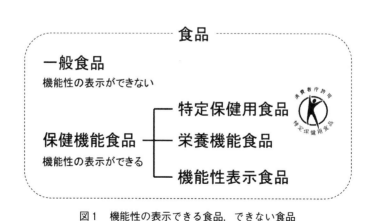

図１　機能性の表示できる食品，できない食品

＊　Naoki Nagatani　岡山理科大学　工学部　バイオ・応用化学科　准教授

表1　保健機能食品の機能性表示の違い

	栄養機能食品	特定保健用食品	機能性表示食品
対象品	ミネラル6種類，ビタミン16種類，脂肪酸1種類のいずれかを含む食品	食品全般	食品全般
機能性評価	国が定めた基準に適合していれば表示可能	国が審査を行い，消費者庁長官が許可	企業が科学的根拠を提出 届出制
表示	国が定めた定型文 例：亜鉛は，味覚を正常に保つのに必要な栄養素です。マグネシウムは，骨や歯の形成に必要な栄養素です。ナイアシンは，皮膚や粘膜の健康維持を助ける栄養素です。	商品ごとに個別に実験データを提出し審査を受け許可 例：食物繊維の働きにより，糖の吸収をおだやかにするので，食後の血糖値が気になる方に適しています。	事業者の責任において科学的根拠に基づいた表示 例：本品には大豆イソフラボンが含まれます。大豆イソフラボンは骨の成分を維持する働きによって，骨の健康に役立つことが報告されています。

表2　栄養機能成分の分析法

成分		分析方法
ミネラル	亜鉛	原子吸光光度法，誘導結合プラズマ発光分析法
	カルシウム	原子吸光光度法，誘導結合プラズマ発光分析法
	鉄	オルトフェナントロリン吸光光度法，原子吸光光度法，誘導結合プラズマ発光分析法
	銅	原子吸光光度法，誘導結合プラズマ発光分析法
	マグネシウム	原子吸光光度法，誘導結合プラズマ発光分析法
	カリウム	原子吸光光度法，誘導結合プラズマ発光分析法
ビタミン類	ナイアイシン	高速液体クロマトグラフ法，微生物学的定量法
	パテント酸	微生物学的定量法
	ビオチン	微生物学的定量法
	ビタミンA	吸光光度法（総カロテン），高速液体クロマトグラフ法（レチノール，α-カロテン，β-カロテン）
	ビタミンB_1	高速液体クロマトグラフ法，チオクローム法
	ビタミンB_2	高速液体クロマトグラフ法，ルミフラビン法
	ビタミンB_6	微生物学的定量法
	ビタミンB_{12}	微生物学的定量法
	ビタミンC	酸化還元滴定法，2,4-ジニトロフェニルヒドラジン法，インドフェノール・キシレン法，高速液体クロマトグラフ法
	ビタミンD	高速液体クロマトグラフ法
	ビタミンE	高速液体クロマトグラフ法
	ビタミンK	高速液体クロマトグラフ法
	葉酸	微生物学的定量法
脂肪酸	n-3系脂肪酸	ガスクロマトグラフ法

情報などが消費者庁長官へ届けられたものが，事業者の責任において機能性の表示が可能となる（表1）。

3.3　食品機能センシング

　食品に機能成分の含有量を表示するための測定方法は，栄養機能食品に含まれる成分に関しては測定方法が規定されている（表2）[3, 4]。しかしながら，生産現場で迅速に簡便に成分を測定する手法としては適していない手法もあり，新たなセンシング手法の研究も行われている。例えば，微生物学的定量法を必要とするビタミン類の定量方法は多くの研究報告がある[5~7]。特定保健用食品，機能性表示食品における機能成分に関しては，機能成分が新規であり測定方法は規定されていない。栄養機能食品では対象となる食品は加工食品のみであるが，特定保健用食品，機能性表示食品では，野菜，果物など生鮮品も表示が可能である。ただ，生鮮品は採取地，時期によって成分も異なるため，現場で迅速な機能成分の測定が可能な方法が必要となる。

3.3.1　抗酸化力測定

　アンチエイジングに効果があるとされ消費者の非常に関心の高い項目である抗酸化力は，様々な測定方法が開発されている（表3）。DPPH（1,1-dipheny-2-picrylhydrazyl）[8]は色のついたDPPHラジカルが抗酸化物質によってDPPHラジカルでなくなると色が薄くなることを利用した抗酸化力測定法であるが，生体内に存在しないラジカルを用いた評価である。ESR（electron spin resonance）[9]は高価なESR装置が必要であり，操作も熟練した者でないと安定した値が得られないなど問題がある。FRAP（ferric reducing antioxidant power）[10]は，三価鉄（Fe^{3+}）から二価鉄（Fe^{2+}）への還元反応によって抗酸化力を測定する方法であり，簡便で測定装置の小型化も可能であるが，ラジカル消去能ではなく試料の還元力を抗酸化力として評価する方法である。ORAC（oxygen radical absorbance capacity）[11]は食品の抗酸化力の評価方法として最も広く利用されている方法である。

3.3.2　ORACによる抗酸化力測定

　ORACは，抗酸化物質によるAAPH（2,2'-azobis-(2-methylpropionamidine) dihydrochloride）から発生するペルオキシラジカル（ROO·），アルコキシラジカル（RO·）による蛍光物質（フルオレセイン）の酸化抑制に基づいた方法である。AAPHより発生したラジカルは蛍光シグナル

表3　各種抗酸化力測定方法比較

測定方法	ORAC	DPPH	ESR	FRAP	電気化学発光（ECL）
測定原理	ラジカル消去能			還元力	ラジカル消去能
ラジカル種	ROO·，RO·	DPPHラジカル	酸素ラジカル種		酸素ラジカル種
測定時間	1～2 h	0.5～1 h	0.5 h	0.5 h	2 min
測定方法	蛍光	吸光	スピントラップ	吸光	発光
簡便さ	△	△	×	○	◎

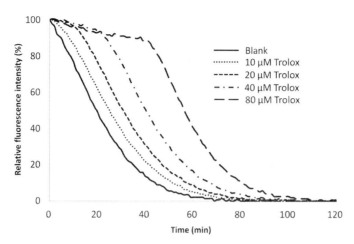

図2　異なる濃度のTroloxから得られた正規化された発光強度

を抑制するが，抗酸化物質の存在下では，試料の抗酸化力に応じて蛍光減少が抑制される。ORACを用いた抗酸化力測定方法の一例を簡単に説明すると，抗酸化力の指標として用いられる水溶性のビタミンE誘導体であるTroloxと試料を75 mMリン酸緩衝液（pH 7.4）で各種濃度に希釈し，20 μLを96穴プレートに加える。そこに200 μLの100 nMフルオレセインを加え，37℃で30分加温する。ラジカル発生剤である50 mM AAPHも同様に37℃で加温し30分の加温後に96穴プレートに75 μLを加え，励起波長485 nm，測定波長535 nmの条件で蛍光プレートリーダーを用いて1分間隔で蛍光変化を測定する。測定した初期の蛍光値を100%として正規化しTroloxでの蛍光変化をグラフ化すると，Trolox濃度に応じて蛍光減少が抑制されていることが確認できる（図2）。得られた結果の各濃度での曲線下面積（AUC：area under curve）とTroloxを加えていないブランクとの差を正味のAUC（net AUC）としてTrolox濃度に対してプロットすることでTrolox等量での抗酸化力の検量線が得られる（図3，4）。試料のnet AUCも同様に計算し，検量線と比較することで試料のTrolox等量で抗酸化力が得られる。ORACでは親水性の抗酸化物質を評価するH-ORAC（hydrophilic-ORAC）[12]，親油性の抗酸化物質を評価するL-ORAC（lipophilic-ORAC）[13]も開発されている。

3．3．3　電気化学発光（ECL）による抗酸化力測定

　多くの抗酸化力測定法が開発されているが，操作が煩雑，30分以上の測定時間が必要であるなど，生産・製造現場で簡便に測定できる方法ではない。筆者は，この問題を解決すべく，小型の持ち運び可能な電気化学発光測定装置（BDTeCLP100：㈲バイオデバイステクノロジー）を用いてルミノールの電気化学発光（ECL：electrochemiluminescence）を利用した抗酸化力の測定方法を大阪大学（民谷栄一教授）との共同研究で開発した。

　ルミノールの電気化学発光では，電気化学反応により溶存酸素から発生するスーパーオキシドラジカル（$O_2^- \cdot$），過酸化水素，ヒドロキシラジカル（$\cdot OH$）が電気化学反応によって活性化さ

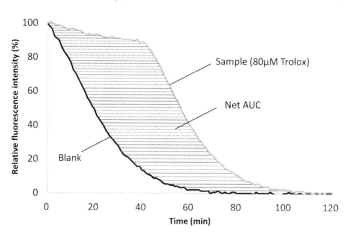

図3　Trolox 80 μ Mでの正味のAUC（Net AUC）

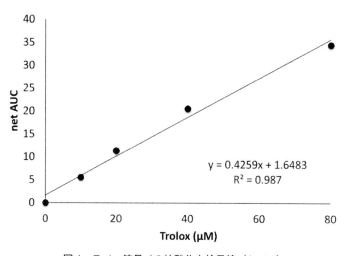

図4　Trolox等量での抗酸化力検量線（ORAC）

れたルミノールと反応することによって発光していると考えられる（図5）。この反応経路に抗酸化物質が存在した場合，ルミノールの発光が抑えられ発光強度によって抗酸化力の評価が可能であると考え，1 mMのルミノール溶液と100 mMホウ酸緩衝液（pH 9.4）で各種濃度に希釈したTroloxを等量加え，－1 V→1 V→－1 Vと電圧を連続的に変化させるCV（cyclic voltammetry）で電気化学発光を行ったところ，Troloxの濃度が濃くなるに従い発光強度が小さくなることが確認できた（図6）。発光強度をTrolox濃度に対してプロットすることでORAC同様にTrolox等量での抗酸化力の検量線も得られた（図7）。Troloxを希釈した試料に変えて同様に発光強度を測定し，検量線と比較することでTrolox等量での抗酸化力が測定可能である。1回の測定時間は2分である。実際に開発した方法を用いてコーヒークロロゲン酸を高濃度に含む特定保健用食品の缶コーヒーと通常の缶コーヒーの抗酸化力をESR，ORAC，ECLにて測定を行った。ESRでは，

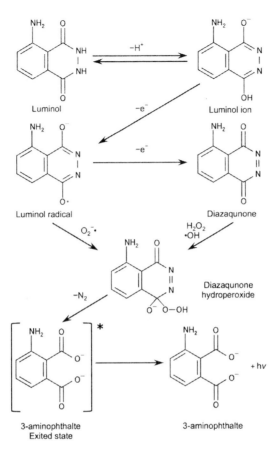

図5　ルミノールの電気化学発光の原理

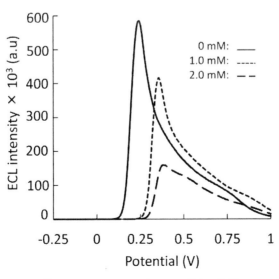

図6　Troloxによるルミノール発光の抑制

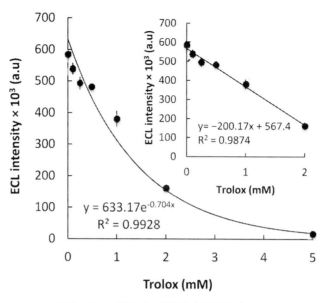

図7　Trolox等量での抗酸化力検量線（ECL）

表4　ESR，ORAC，ECLによる缶コーヒーの抗酸化力測定

	ESR		ORAC	ECL
	$O_2^-\cdot$ （a.u）	$\cdot OH$ （a.u）	（mM）	（mM）
缶コーヒー（トクホ）	179.0	2.69	77.8	46.3
缶コーヒー	88.3	1.54	31.5	27.9

O_2^-・ラジカル[14] と・OHラジカル消去能[15] を測定し，Stern-Volmer plot[16] により得られた傾きを抗酸化力とし，ORAC，ECLにおいてはTrolox等量で比較した（表4）。その結果，抗酸化力に使用するラジカル種が異なるため多少のばらつきはあるが，特定保健用食品の缶コーヒーの方が全ての測定方法で抗酸化力が高く評価された。ESR，ORACを測定するための装置は持ち運び測定することは困難であるが，今回のECLを用いた測定装置は小型で持ち運びが可能である。測定手法もルミノール溶液と希釈したサンプルを電極上に滴下するのみで測定が可能であり，生産現場での測定に適した手法である。

3．4　食品機能のIoT利用

　食品でのIoT利用は既にスマートフォンを利用した方法が始まっている。商品に記載されている二次元バーコード（QRコード）をスマートフォンのカメラで読み取ると，野菜や果物などの生鮮食品では産地や生産者の情報が示され，加工食品では安全性，品質管理などの商品情報が得られるようになっている商品も多く販売されている。機能性表示食品の届出情報検索用二次元

バーコード（図8）も消費者庁から提供されている。しかしながら，消費者庁の届出情報の検索用のバーコードであり，商品の情報を得るには検索する必要がある。食品の機能性を表示することができる保健機能食品では，記載事項も決められており機能性は製品に書かれているが，限られたスペースでの表示である。バーコードを利用したIoTを活用することで，より詳しい機能性に関する情報を消費者に提供することは可能であり，スマートフォンを用いた食品機能の情報が，消費者に提供されることが期待される。

図8　機能性表示食品の届出情報検索用二次元バーコード

3.5　まとめ

　機能性表示食品制度も開始され，食品の機能性を消費者にアピールすることで付加価値を持った商品の販売も企業の責任で可能となったが，商品に関する情報を消費者に正確に伝える責任もある。TVなどで肥満に効果があると紹介されると商品が品薄になるほど売れるなどの現象からも消費者の健康への関心の高さは明らかであり，食品の持っている機能は注目されている。本稿では，筆者らが開発したECLを用いた簡便，迅速な抗酸化力測定法を紹介したが，このような現場でも測定可能な食品機能センシングが開発されることで，現場で収穫した野菜や果物などの機能も測定可能となり，より正確な機能をアピールして販売することも可能となる。

文　　　献

1) 矢野俊正，化学と生物，**25** (2)，110（1987）

2) 消費者庁，消費者の皆様へ「機能性表示食品」ってなに？，http://www.caa.go.jp/foods/pdf/150810_1.pdf

3) 消費者庁，別添　栄養成分の分析法等，http://www.caa.go.jp/foods/pdf/150914_tuchi4-betu2.pdf

4) 消費者庁，食品表示基準（平成27年内閣府令第10号），http://www.caa.go.jp/foods/pdf/150320_kijyun.pdf

5) A. Michopoulos *et al.*, *Electroanal.*, **27**, 1876（2015）

6) A. R. Pires *et al.*, *J. Pharm. Biomed. Anal.*, **46**, 683（2008）

7) S. Gheibi *et al.*, *J. Food Sci. Technol.*, **52**, 276（2015）

8) M. S. Blois, *Nature*, **181**, 1199（1958）

9) P. T. Gardner *et al.*, *J. Sci. Food Agric.*, **76**, 257（1998）

10) I. F. F. Benzie *et al.*, *J. Agric. Food Chem.*, **47**, 633（1999）

11) G. Cao *et al.*, *Free Radical Biol. Med.*, **14**, 303 (1993)

12) B. Ou *et al.*, *J. Agric. Food Chem.*, **49**, 4619 (2001)

13) D. Huang *et al.*, *J. Agric. Food Chem.*, **50**, 1815 (2002)

14) M. Hiramatsu *et al.*, *Jeol News*, **23A**, 7 (1987)

15) J. Ueda *et al.*, *Arch. Biochem. Biophys.*, **333**, 377 (1986)

16) J. R. Lakowicz, Principles of Fluorescence Spectroscopy, Plenum Press, New York (1986)

4 微生物・ウイルスセンシング

民谷栄一*

4.1 はじめに

微生物，ウイルスについては，様々な感染症を引き起こす原因として，早期な診断が求められる。特に抵抗力の弱い，高齢者や乳幼児が感染を受けやすい。免疫力の低下した高齢者は，日和見感染でも影響を受ける。そのため生活の場で日常的なモニタリングが必要である。また食中毒菌のように食品の加工，流通過程での混入により健康人といえども大きな被害を受けることもある。季節により感染が広がるインフルエンザウイルスや蚊が媒介するジカ熱ウイルスなどもある。最近肺炎による死亡者が高齢者で増えてきており，我が国においては，ガン，心疾患に次いで3位になっている。こうした状況を踏まえた早期モニタリングのためにはIoT技術とマッチングしたバイオセンサーデバイスが求められる。

そのためには，現場で測定可能なPOCT型の微生物ウイルス診断センサーが必要であり，小型，モバイル，ネット接続，迅速，選択的なセンサーの開発が求められている。ここでは，微生物，ウイルスを選択的かつ高感度に測定可能なバイオセンサーデバイスに着目して可能な事例を紹介をする。

4.2 モバイル電気化学バイオセンサー

モバイル型バイオセンサーとして，ここでは，著者らが開発した手のひらサイズの電気化学装置と印刷電極について紹介する。この電気化学装置は，65 g以下と軽量であり，タブレットやノート型PCにUSBを介して接続され，PCの充電電源で稼働できるため，戸外でのフィールド測定や移動中の測定なども可能である（図1）。PCに内蔵したソフトにより各種パラメーター設定と測定データーの解析が可能である。ウエアラブルな測定部からタブレットPCへとブルーツースなどのwirelessで信号を伝送するシステムもできており（図2），運動時や睡眠時などの無意識計測用への応用も可能となっている。電気化学測定に用いる測定モードとしては，サイクリックボルタンメトリー，クロノアンペロメトリー，微分パルスボルタンメトリー，矩形波ボルタンメトリーなどを有しているため，種々の対象に対して測定可能である。

一方，印刷電極は量産可能であり，作用極，対極，参照極の3電極を同一基板上に作製した電極から作用極を複数配置したマルチ電極，光計測も同時にできるようにした透明印刷電極，遺伝子増幅のためのPCRチューブ内に配置できるPCR電極，電極基板上に試料溶液を1滴落として測定できるようにした電極などのいろいろな目的に応じた印刷電極の作製を実現している。また，印刷基板には，セラミック，プラスチック，紙材料も可能で透明かつフレキシブルな印刷電極も作製できている（図3，4）。

ここで開発したモバイル電気化学装置を用いていろいろなバイオセンサーの開発へと展開が可

＊ Eiichi Tamiya　大阪大学　大学院工学研究科　精密科学・応用物理学専攻　教授

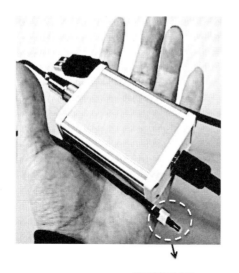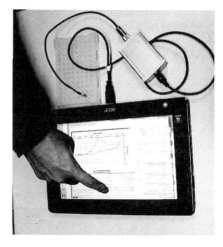

印刷電極

図1　印刷電極とポータブル電気化学装置

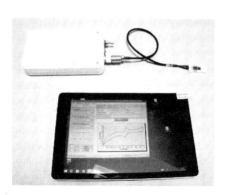

図2　ブルーツース無線通信型モバイル電気化学計測装置

能である。図5はその応用例を示している。医療ヘルスケア，食の安全安心，環境モニタリングなど応用分野は広い。

4.2.1　モバイル遺伝子センシング

　開発した印刷電極とモバイル電気化学装置を用いてバイオセンシングを行う上で，微生物，ウイルスなどの特定の遺伝子を対象としたセンシング方法を独自に開発している[12]。すなわち，電極に特定のDNAを固定することなく，溶液中に行う特定のDNAと相互作用する電気化学的活性を有する分子との相互作用を利用して測定するものである（図6）。特定の遺伝子をPCRなどにより増幅し，この増幅された遺伝子に結合した電気化学活性分子は，結合により電極への拡散が阻害され，電極への電子移動が減少する。すなわち電流減少量が増幅された遺伝子量と相関する

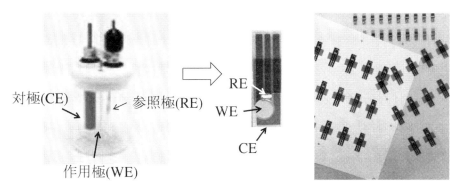

図3　電気化学計測のための3極一体型印刷電極

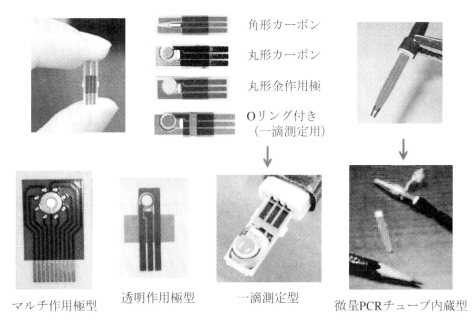

マルチ作用極型　　透明作用極型　　一滴測定型　　微量PCRチューブ内蔵型

図4　バイオセンサー用各種印刷電極

こととなる。この原理をもとに，血液中のB型肝炎ウイルス，食中毒に関わる病原性微生物であるサルモネラ菌や大腸菌O-157，炭疽菌，院内感染MRSA菌，歯周病菌（口腔液），インフルエンザ（鼻腔液），肝炎ウイルス（血液）などに応用できている（図7）。

（1）　マイクロ流体型PCRチップを用いた迅速センシング

いろいろな現場で迅速に測定するため，マイクロ流体型PCRチップによる遺伝子の迅速増幅についても検討した。マイクロチャネル内に反応溶液を送液するPCRチップは，溶液自体が各温度に固定したヒーター上を通過するため，温度の上げ下げの制御に時間がかかる通常のサーマルサイクラー装置よりも迅速化することが可能である。こうしたマイクロ流体チップは，シリコン鋳

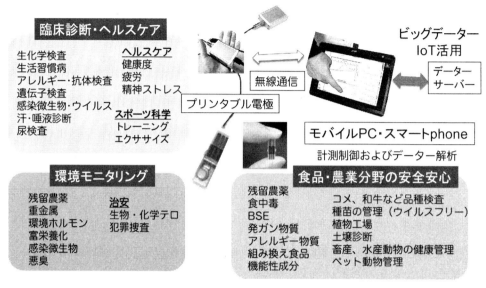

図5　モバイルバイオセンサーとその応用分野

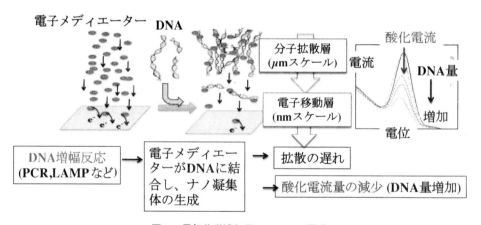

図6　電気化学遺伝子センサーの原理

型を作製してPDMSに転写し，これにガラス基板を貼り合わせて作製された。温度設定ヒーター上に設置後，マイクロポンプでPCR溶液を送液して大腸菌の遺伝子を増幅した結果，12分（30cycles）でPCRが可能であり，その増幅を電気化学で測定することが可能であった。こうしたマイクロ流体遺伝子チップ，ポンプ，電気化学測定装置一式を装備したキャリヤー型のバイオセンサシステムも開発している。また，インフルエンザウイルスといったRNAウイルスを測定するためにRT-PCRフローチップも開発している（図8）。これにより15分程度で測定が可能となった。

サルモネラ菌の検出

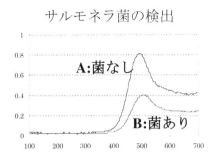

GMOトウモロコシの検出

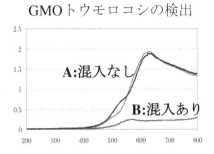

大腸菌の検出

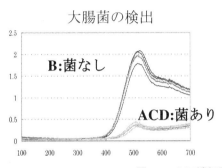

B型肝炎ウイルスの検出

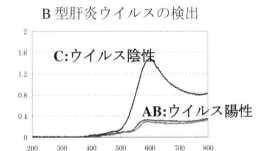

図7　POCT遺伝子検出装置による各種測定例

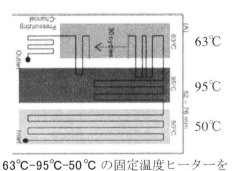

63℃-95℃-50℃ の固定温度ヒーターを
有する電極マイクロ流体-RT-PCRチップ

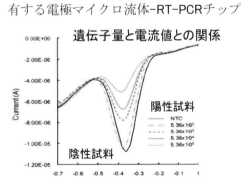

図8　印刷電極を内蔵した遺伝子増幅RT-PCR流体チップ

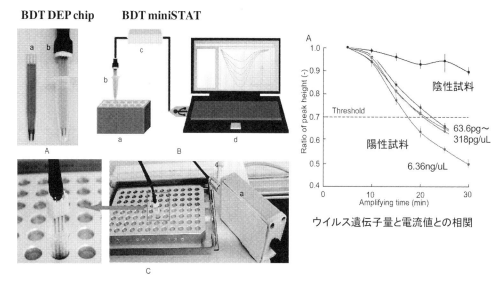

図9　印刷電極を内蔵した等温増幅法を用いたリアルタイム遺伝子診断（インフルエンザウイルス）

(2)　等温遺伝子増幅を用いた迅速遺伝子センシング

　次に，PCRのように温度サイクルを必要とせず一定温度で増幅可能なLAMP法を用いて遺伝子センサーを開発した。LAMP法の特徴は等温増幅が可能な点であり，PCR法と比較して用いる温度制御部位を簡便化することが可能な点である。電気化学測定において用いるメディエーターは，増幅反応を阻害しないメチレンブルーを選択し，反応液にあらかじめ混合しておく。電極はマイクロチューブに直接差し込める大きさにアレンジした細型の印刷電極を使用し，LAMPによる増幅反応と同時に（リアルタイム）測定を行った（図9）。

　まず既知濃度のインフルエンザRNAの希釈系列を用いて測定を行い，その特異的増幅に伴うメチレンブルー電流値の減少がある一定の値になる点を閾値として決定し，その必要反応時間から検量線を作成することができた（図10）。このことから，LAMPを用いたインフルエンザ遺伝子の電気化学測定において，リアルタイム計測および定量的検出が可能であることが示された。また，実際の患者から採取したサンプルにおいても検証した。クリニックにおいての検査（イムノクロマト法）で，インフルエンザA型感染と診断された患者のサンプルを用い，それぞれA/H1N1（季節性ソ連型），A/H3N2（季節性香港型），pdm2009（豚由来新型）およびB型の亜型検出用プライマーを用いて同様に測定した。結果，A/H3N2（香港型）のみ陽性となり特異的検出が可能であることと同時にイムノクロマト法では判別しにくいウイルスの亜型も同定可能であることが示された。

(3)　病院内MRSA菌のモニタリングへの応用

　阪大病院の朝野教授の協力により，院内感染菌であるMRSA菌のモニタリングを行った。測定には，上記の遺伝子計測システムを応用した。方法は，患者の鼻腔内にスワブを挿入し，それを

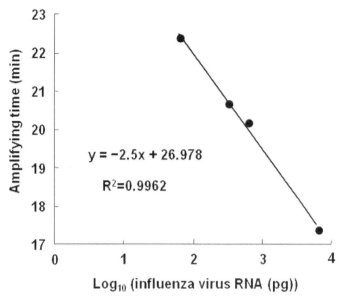

図10　LAMP法によるインフルエンザ遺伝子増幅電気化学センシングの検量線

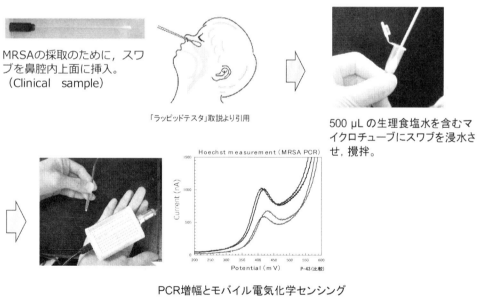

PCR増幅とモバイル電気化学センシング

図11　スワブからのサンプリング方法と電気化学遺伝子センシング

500μLの生理食塩水を含むマイクロチューブ内で浸水させ，攪拌した。これをPCRに供し，PCR後の溶液をモバイル電気化学測定装置で測定を行った（図11）。まず，モニタリングの前に検量線を作成した。検量線では，電気化学測定値のピーク電流値とMRSAの菌数との間に相関が

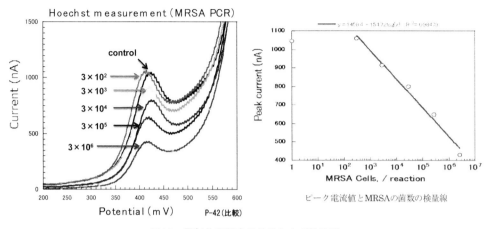

図12　電気化学測定の結果および検量線

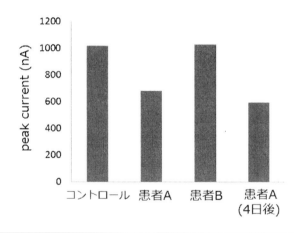

	Current (nA)	MRSA Cells / reaction	MRSA Cells / Sample
Sample A	680	1.0×10^5	2.5×10^7
Sample A (after 4days)	595	3.8×10^5	9.5×10^7

図13　電気化学測定による患者サンプルからのMRSAの検出

どの程度あるかを求めた。その結果，本条件では約 3×10^3 cells/reaction〜約 3×10^6 cells/reactionまで測定できることが確認できた（図12）。次に患者試料のモニタリングを実施した。その結果，図13に示すように，電気化学測定より患者Aでは，ピーク電流値がコントロールより明らかに低くなっていることから，陽性であることがわかった。しかし，患者Bでは，コントロールとほとんど同じ電流値であったことから陰性であることがわかった。さらに，4日後の患

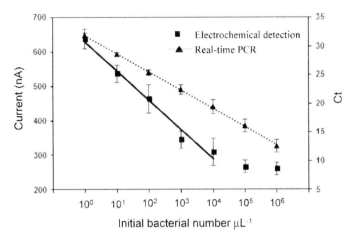

図14　本電気化学法とリアルタイムPCR法との相関

者Aではさらにピーク電流値が下がっていることから，MRSAの増殖が認められると考えられた。ここで，初めに求めた検量線より，得られたそれぞれのピーク電流値からMRSA菌の濃度を推定した。その結果，患者Aは2.5×10^7 cells/sample，4日後の患者Aでは，9.5×10^7 cells/sampleであると推定された。さらに，患者A，患者A（4日後），患者Bの陰陽判定は従来の臨床試験結果と一致していたことがわかった。

　以上のことから，本法は，従来の1〜2日かかる臨床試験（培養方法）に比べ，1時間程度で判別でき，定量もほぼ可能であることがわかった。

(4)　唾液を用いた歯周病菌のモニタリング

　現在，歯周病は，日本の成人の8割が感染している国民病である。循環器系などの生活習慣病の原因につながることも指摘されている。現在，診断は歯周ポケットや炎症などの観察によって行われているが，歯周病の原因となる菌の検出が簡便になれば歯科診断にも有益な情報となる。歯周病菌検出は通常，培養法が用いられるが嫌気培養が必要でありかつ増殖に時間がかかる。一方で，PCR増幅の検出は通常，電気泳動や蛍光測定が用いられるが，被験者の近くですぐに結果がわかるわけではなく，その場診断が困難であった。そこで，本研究では小型で迅速かつ定量的に菌の検出を可能とするシステムの構築をめざし，電気化学測定を利用した歯周病菌遺伝子のPCR増幅の定量的測定を行った。既に示した手のひらサイズのポータブルポテンショスタットおよび小型印刷電極を使用した。また検出対象として歯周病原因菌の内で主要なものの一つと言われている*Porphyromonas gingivalis*（Pg）とし，リアルタイムPCRとの定量性の比較および，実際の唾液サンプルから直接PCRおよび電気化学測定を行い定量評価を行った。

　電気化学測定とリアルタイムPCRとの定量性比較の結果，リアルタイムPCRでは初期template濃度が100から10^6 cells/μL（$R^2 = 0.9993$），本方法では100から10^4 cells/μL（$R^2 = 0.9817$）の範囲で検量線を得ることができた（図14）。上限の定量可能範囲はリアルタイムPCRよりも低いが，

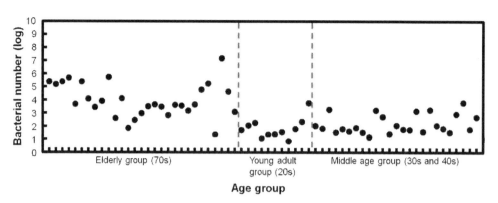

図15　年齢別グループに対する唾液中Pg菌数測定
唾液サンプル：20代グループ（18名）30～40代グループ（24名）70代グループ（33名）

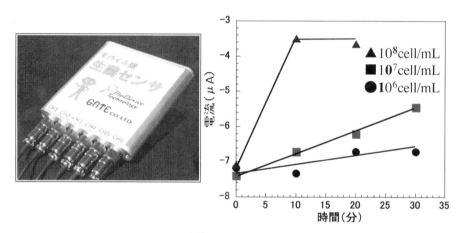

図16　生菌数センサーと測定結果

これは本方法がエンドポイント測定であるためで，10^5 cells/ μLでは40cyclesの時点でPCRがプラトーになっているためであると考えられる。このように定量範囲はリアルタイムPCRよりも小さいものの，100から10^4 cells/ μLの範囲で明確な電流値変化が測定可能であった。また，唾液サンプル測定に関してこの検量線を使用して定量した結果，若年（20代），中年（30，40代）グループと比較して高齢者グループ（70代）で定量されたPg菌数が明確に多かった（図15）。歯周病は年齢に依存し増加する傾向にあるという歯科的知見と一致するものであった。以上の結果から本電気化学測定方法により，歯周病菌の簡易的な定量的評価が可能であることが示唆された。

4．3　モバイル型生菌数センサー

　一般に食品検査などでは一般生菌数の検査が行われている。これらの検査は平板培地に菌を塗布し，出現してきたコロニーをカウントする方法で菌数を推定している。しかし，この方法は菌

図17　携帯電話を用いたイムノクロマト画像化
イムノクロマト（右）と色見本（左）専用撮影ボックス

の培養を基本とするため，結果がわかるまでに1〜2日を要する。従って，生鮮食品などでは，検査結果が出荷後になるため，実際には検査の役目を果たしていないのが現状である。このようなことから，これらに代わる電気化学手法での一般生菌の検出を検討してきた。そこで我々が開発した携帯型の簡易電気化学センサーおよび小型印刷電極を用いて，迅速な生菌数の推定を検討した。生菌数の測定には大腸菌，*Escherichia coli* IFO 3301を用いた。電気化学測定用の培地を用い，*E. coli*の濃度を10^6 cell/mL，10^7 cell/mL，10^8 cell/mLに調整した。その後，それぞれの菌体濃度について，酸素（溶存酸素）の電位を測定した。電気化学測定には，携帯型の簡易電気化学センサーおよびディスポーザブルの小型印刷電極（カーボン電極，DEP SP-P）を用いた。測定条件は，CV電位掃引速度50 mV/sec，電極への滴下サンプル量20 μL，時間は10分おきに電極を交換し測定した。まず，大腸菌を含まない溶液を用いてCV測定を行い，溶存酸素にもとづく還元電流を確認した。次に，各濃度の大腸菌溶液（10^6 cell/mL，10^7 cell/mL，10^8 cell/mL）のCV測定を行ったところ，菌数濃度に応じて溶存酸素の電流値の時間経過が異なった（図16）。特に，10^7 cell/mL以上では10分後から明らかな減少が見られた。その結果，生菌数に応じて溶存酸素濃度が早く消費されることが示された。今回用いた携帯型の簡易電気化学センサーは，軽量でかつPCに接続して各種現場でも簡便に測定可能であり，食品の安全を確保するための生菌数の迅速定量にも応用できることが示唆された。また，コンポストの微生物活性を測定するセンサーとしても応用可能である。

4.4　携帯電話カメラ機能を用いたモバイルバイオセンサーの開発

　殆どの人が所有する携帯電話のカメラ機能を用いて日常的に在宅にてモニタリングするバイオセンサーの構築について検討した。ウイルス，微生物の測定において抗原抗体反応を用いるイムノクロマト試験紙が汎用されている。通常は，目視による陽性，陰性を判断する定性的な診断で

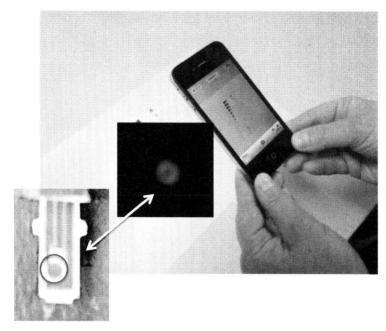

図18　電気化学発光をスマートフォンのカメラで計測

あるが，バンドの濃淡を画像データーとして撮影し，解析することにより半定量測定が可能である。そこでフルストリップタイプのイムノクロマトを作製し，携帯端末による画像を画像解析ソフトにより数値化した場合での相関性について検討した。まず，テストストリップをイムノクロマトリーダーで数値化した場合と，携帯カメラ画像解析ソフトで数値化した場合を比較した。その結果，金コロイド標識したイムノクロマトは撮影ボックスを使用して撮影すると（図17），定性的な使用だけでなく定量的な使用方法が可能であった。また，スマートフォンのカメラ機能を光センサーとして用いてルミノールやルテニウム錯体の電気化学発光を用いたバイオセンサーも開発している（図18）。

文　　　献

1)　特許3511596号，「遺伝子の検出方法および検出チップ」
2)　*Electrochem. Commun.*, **6**, 337-343（2004）
3)　*Analyst*, **136**, 5143-5150（2011）
4)　*Analyst*, **136**, 2064-2068（2011）
5)　*Food Control*, **21**(5), 599-605（2010）
6)　*Analyst*, **134**, 966-972（2009）

  7)　*Analyst*, **132**, 431-438（2007）
  8)　特許第4273252号
  9)　*Anal. Bioanal. Chem.*, **386**(5), 1327-1333（2006）
 10)　*Electrochimica Acta.*, **82**, 132-136（2012）
 11)　*Electroanalysis*, 2686-2692（2014）
 12)　*Glob. J. Infect. Dis. Clin. Res.*, **2**, 8-12（2016）

5　スポーツバイオセンシング

山中啓一郎[*1]，村橋瑞穂[*2]

5.1　はじめに

　スポーツ科学の分野では，選手のコンディショニング評価として，競技中あるいはトレーニング中の体温，心拍数，移動距離などの物理量の計測が連続的に行われており，それらの計測結果は，選手の機能向上に役立てられている。一方で，電解質や尿酸，乳酸などといった化学成分については，運動中の経時的モニタリングの要望があるにもかかわらず，その計測に採血や採尿を必要とするため，結果として運動前後の二極的な比較評価にならざるを得ないのが現状である。

　近年，汗，唾液，涙など非侵襲でサンプリング可能な体液成分が注目されており，これらに含まれる成分を測定するセンサを利用し，運動時の化学成分のモニタリングを行おうとする試みがなされている[1,2]。これらの取り組みでは，センサ自体の研究は進んでいても，実装を見据えた商品は未だ上市されていない。そこで著者らは，自身が保有する電気化学センサのノウハウを活用し，図1に示すように，非侵襲で運動時の選手の体に装着可能な電極一体型電気化学測定装置から成るウェアラブルセンサと，無線通信によるデータ送信システムから構成される携行型デバイスを作製し，運動中の化学成分のモニタリングを経時的に実施することを試みている。作製したデバイスを使用して，運動時の汗を採取し，筋肉疲労の指標の一つとされる乳酸を計測した結果について以下に説明する。

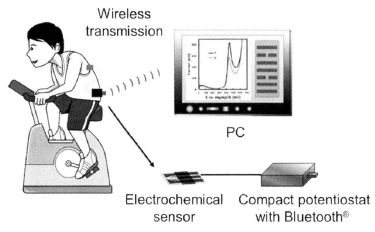

図1　無線通信－携行型電気化学センサの概念図

＊1　Keiichiro Yamanaka　大阪大学　大学院工学研究科　精密科学・応用物理学専攻
　　　　　特任研究員

＊2　Mizuho Murahashi　大阪大学　大学院工学研究科　精密科学・応用物理学専攻
　　　　　特任研究員

5.2　無線通信機能を備えた携行型電気化学センサの開発

センサには，印刷電極（DEP-Chip EP-P，バイオデバイステクノロジー社製）を使用した（図2(A)）。参照極は銀塩化銀，作用極および対極はカーボン製の電極を使用した。電極の大きさは，4 mm×12.5 mmと小型であるため，選手が運動時に身に着けても負担にならない大きさである。また，印刷電極は安価であるため，計測データの蓄積およびデータベースの構築には非常に有用である。

一般に，電気化学計測では，計測機器として設置型のポテンショスタット・ガルバノスタットを使用する。これらの特長として，応答信号の分解能が高く，数十種類もの計測方法が適用でき，さらにはデータ解析ソフトを有する場合が多い。このように非常に高性能ではあるが，その大きさ，重さから現場計測には不向きである。著者らが使用している小型のポテンショスタットは，5種類の計測方法（クロノアンペロメトリー：CA，リニアスィープボルタンメトリー：LSV，サイクリックボルタンメトリー：CV，微分パルスボルタンメトリー：DPV，矩形波ボルタンメトリー：SWV）に特化したもので，大きさは手のひらサイズであり，持ち運びが容易である。これに，新たにBluetooth®機能を搭載した小型ポテンショスタット（miniSTAT100BT-S，バイオデバイステクノロジー社製）を今回使用した。この小型ポテンショスタットを使用することで，図2(B)に示すように，電極と計測機器を一体化し，携行型の装置として運動中の選手に装着することが可能となり，且つその計測結果を無線通信によりベンチのスタッフのPCにリアルタイムに表示する，というシステム構築が可能となった。

5.3　電気化学計測条件の検討

乳酸の計測には，乳酸の酸化酵素である乳酸オキシダーゼを使用した。汗中には，今回の標的物質である乳酸以外に，尿素や電解質成分，金属イオンといった物質も含まれている。酵素を使用する計測方法では，これらの共存物質の影響なしに，特異的に標的物質のみを検出できるという利点がある。電気化学的な手法を用いて，酵素反応に起因する酸化還元反応を検出する場合，いくつかの方法が考えられる。その反応模式図を図3に示す。一般に，酵素，基質の他に，メディエーターと呼ばれる電子伝達機能を有する化合物を介して計測が行われることが多い。メ

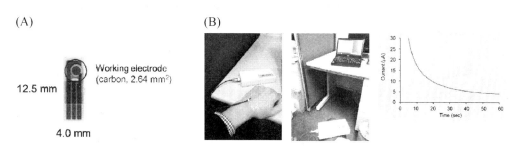

(A)

(B)

12.5 mm

Working electrode
(carbon, 2.64 mm²)

4.0 mm

図2　(A) 使用した印刷電極，(B) Bluetooth®内蔵小型ポテンショスタット

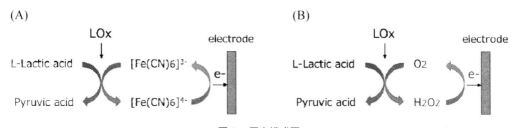

図3　反応模式図
(A) メディエーター使用の場合，(B) メディエーター不使用の場合

ディエーターとしてフェリシアン化カリウムを用いた場合の乳酸の計測例を，図3(A)に示す。乳酸オキシダーゼの働きにより，乳酸がピルビン酸へと酸化されると同時に，共存しているフェリシアン化カリウムはフェロシアン化カリウムに還元される。生成したフェロシアン化カリウムは電極上で酸化され，フェリシアン化カリウムに戻る。この時に対極に流れた電流を計測することで，間接的に乳酸濃度を算出する仕組みである。メディエーターを使用する利点は，メディエーター共存下で目的の反応が促進されることにより，応答信号が増幅されるためである。そのため，目的の代謝産物の酸化還元電位に応じて，様々な種類のメディエーターが使い分けられている。その一方で，メディエーターの中には毒性を有するものも少なくない。今回，著者らは，運動中の選手の皮膚に直接装着可能なウェアラブルセンサを開発するという観点から，毒性を有するメディエーターを使用しない計測方法を選択した。図3(B)に示すように，電極と基質代謝産物間での直接電子移動を計測する方法である。まず，乳酸オキシダーゼの働きにより，乳酸がピルビン酸へと変換される際に，代謝産物として過酸化水素が生じる。次に，過酸化水素は，作用極で酸化されて水素イオンと酸素になり，このとき対極に流れる電流を計測する。計測した過酸化水素量は乳酸濃度と比例関係があるので，作成した検量線から乳酸濃度を算出することができる。この方法で条件検討した結果を以下に記す。

　乳酸オキシダーゼ溶液に乳酸標準溶液を混合，印刷電極上に滴下し，電圧＋0.65 Vを印加し，クロノアンペロメトリー法にて生成した過酸化水素量を計測した。その結果，図4(A)に示すアンペログラムを得た。計測した電流値は，電圧印加後に急激に減少し，60〜150秒程度で一定値を示した。このアンペログラムにおいて，乳酸標準溶液濃度に対する180秒後の電流値をプロットしたグラフを図4(B)に示す。乳酸濃度1〜20 mMの範囲で良好な直線性を確認することができた。図4(B)では，一定値となった電流値をプロットしたエンドポイント法を採用しているが，一定値となる前の反応初期段階での時間微分値（傾き）を指標とするレート法（反応速度法）を用いれば，180秒待たずに，計測時間を短縮して結果を表示することが可能である。

　センサの実装，および運動中のリアルタイムでの複数計測を考慮した場合，酵素は溶液状ではなく電極上に固定化されているのが望ましい。酵素の固定化には，架橋法，担体結合法，包括法，物理吸着法など様々な方法があり，場合に応じて適宜最適なものが選択されている[3〜5]。中

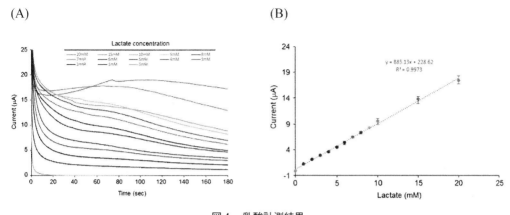

図4　乳酸計測結果
(A) アンペログラム，(B) 検量線

でも，頻繁に用いられるのが，グルタルアルデヒドを使用した架橋法である。グルタルアルデヒド溶液とウシ血清アルブミン溶液，酵素溶液を混合，作用極上に滴下し，架橋作用により固化するまで静置する方法である。操作が簡便であるため，著者らも当初はこの方法で乳酸オキシダーゼの固定化を試みた。しかし，この方法により固定化した電極を用いて乳酸の計測を行ったところ，検出した電流値が低く且つ安定せず，定量範囲も狭いという結果であった。そこで次に，水溶性の光硬化性樹脂（Biosurfine[R]-AWP，東洋合成工業社製）を使用して検討を行った[6]。今回使用した樹脂の主骨格はポリビニルアルコール（PVA）で，PVAの所々に感光基を有した構造を持つ。300〜400 nmの光が照射されると，この感光基が活性化し，ある感光基は電極基板に結合し，ある場所では感光基同士が結合する。これらの反応が進むことで，電極上にPVAの立体的な網目構造が形成される。酵素は，この網目構造内に封じ込められる形になり，流れ出ないように配置されている。試料溶液が電極上に流れてくるたびに，PVAの網目構造内に試料溶液が入り込み，逐次酵素反応が起きるという仕組みである。したがって，この酵素固定化電極を運動中の選手に装着した場合，汗が流れ込むたびに酵素反応が起きるので，装着している間に複数回計測することが可能になる。今回検討した樹脂は水溶性であること，さらに，タンパクに影響を及ぼさない光波長の照射で硬化することから，酵素の活性低下を最小限に抑えられるという利点がある。また，固定化操作についても，樹脂と酵素溶液を混合し，作用極に滴下，乾燥後，60 mJ/cm^{2}程度で露光するだけであり，簡便である。以上の手順に従い，光硬化性樹脂で乳酸オキシダーゼを固定化した電極を使用し，乳酸標準溶液を滴下，その電流応答を計測したところ，乳酸濃度0〜2 mMで直線性を確認した。また，同じ電極を使用して，1 mMの乳酸溶液を複数回計測したところ，3回目の計測で1回目の計測と比較して，電流値10%程度の低下率であった。さらに，酵素固定化電極の保存安定性について検討した。固定化後，電極を4℃，1か月保存で，約80%の酵素活性を維持していたことを確認した。以上述べたように，乳酸の電気化学計測

表1　汗サンプルの計測結果

	electrochemical detection (our method)	colorimetric method (Determiner® LA)
control	27.4 mM	–
after 1 hour running	244 mM	245 mM

条件について至適化を行い，実装条件を指向した酵素固定化電極を作製することができた。

5.4　実試料の計測

　それでは，運動中の汗には実際どのくらいの乳酸が含まれているのか，著者らが開発した携行型電気化学計測装置を使用して調べた結果を以下に記す。

　比較対照として運動前の汗が必要となるが，運動前はほとんど汗をかかないので，その定義が難しいところである。今回は，運動前の汗として，実験用のゴム手袋を一定時間装着し，手袋の内側に付着した汗を使用することとした。この汗を，直径5mm大にカットしたろ紙で拭き取ることによって回収した。運動後の汗については，晴天下で1時間ランニングを行い，額に生じた汗をそのまま回収し，運動前の汗と同様にろ紙に含ませた。一定量の汗試料を含んだこれらのろ紙を，それぞれリン酸緩衝溶液を分注したチューブ内に入れ，十分に撹拌し，汗成分を緩衝溶液に抽出した。この抽出溶液に含まれる乳酸濃度を計測した結果を表1に示す。運動前の汗に含まれる乳酸濃度が27.4mMであったのに対し，運動後の汗に含まれる乳酸濃度は244mMとなり，1時間のランニングで乳酸濃度が約9倍に上昇したことが分かった。また，運動後の汗に含まれる乳酸濃度については，電気化学計測以外の方法でクロスチェックを行い，計測値を比較した。市販されている乳酸測定キットである協和メデックス社のデタミナーLA[7]を使用し，比色法で計測を行ったところ，運動後の汗に含まれる乳酸濃度は245mMであった。この結果より，電気化学計測による結果と同等の値であることを確認した。また，汗中の乳酸濃度について，その定量範囲を把握することができた。今回は，汗を一旦緩衝溶液に抽出して計測を行ったが，実装面からすれば，汗を直接電極に取り込むための工夫が必要であり，現在併行して検討しているところである。体内の乳酸濃度については，個人差があり，また，同じ個人でも，気温・湿度といった運動中の環境，睡眠環境，食生活などによって差が生じると言われている。今回開発した装置による計測で，個々の日々のデータベースを蓄積かつ構築し，選手のコンディショニングの評価や機能向上に役立てることができればと考えている。

5.5　まとめ

　以上，スポーツの現場での使用を目的とし，著者らが開発した携行型電気化学計測装置の概要について説明した。また，この装置を使用して，汗中に含まれる乳酸濃度を測定し，無線通信に

てデータ取得するまでの一連の操作について紹介した。現場にてリアルタイム計測を行うための基本的な要素は開発できており，今後，実装面での検討とデータベースの構築を進めていく予定である。

　今回は測定項目を乳酸に絞って説明してきたが，電気化学的な手法を用いて，酵素反応に起因する酸化還元反応を検出する場合，標的物質に応じた酵素を準備すればよい。したがって，固定化酵素の種類を変えるだけで，他の物質の計測が可能である。また，非侵襲，携帯型センサ，リアルタイム計測，無線通信，などという特長からすれば，今回紹介したスポーツ分野のみならず，医療，環境計測といった分野への展開などが期待でき，さらなる可能性を探っていければと思う。

文　　　献

1) W. Jia *et al.*, *Anal. Chem.*, **85**, 6553-6560 （2013）
2) W. Gao *et al.*, *Nature*, **529**, 509-514 （2016）
3) 河嶌拓治，蛋白質　核酸　酵素，**30**(4)，247-263 （1985）
4) 池田篤治，分析化学，**44**(5)，333-354 （1995）
5) A. Sassolas *et al.*, *Biotech. Adv.*, **30**, 489-511 （2012）
6) http://www.toyogosei.co.jp/rd/bio.html#cap_a
7) http://www.kyowamx.co.jp/products/automatic_biochemical_analyzer/

6　テロ対策化学生物剤センシング

齋藤真人[*]

6.1　はじめに

　1995年，東京地下鉄において，神経ガスであるサリン（O-isopropyl methylphosphonofluoridate）が使われたテロ事件が強く記憶されている[1,2]。また米国においても2001年と2004年の炭疽菌郵便事件，リシン事件が起こり，化学剤・生物剤を用いたテロは世界各地で顕在化し，脅威となっている。加えてVX（S-[2-(diisopropylamino)ethyl]-O-ethyl methylphosphonothioate），ボツリヌス毒素など，強い毒性を持つこれら化学剤・生物剤は，米国のCenters for Disease Control and Prevention（CDC）の分類するカテゴリーAおよびBにリストされ，さらには化学兵器禁止条約にもリストされ，リスクマネージメントやテロに対する対策として注意が払われている。しかしながら，地下鉄サリン事件では，汚染現場にて採取された現場試料を専門の捜査機関に持ち込んだのち，原因物質が分析・特定されてきた。そのため，原因特定に時間を要し，現場の混乱を長引かせることになり，有事発生時における課題となった。また，生物剤と化学剤では対処すべき方向が異なる。つまり病原細菌では原因菌や感染者の拡散を防ぐことが必要で，一方，神経ガスでは，現場の剤の濃度を下げる，あるいは現場からいち早く離れる必要がある。このような生物剤・化学剤テロ事案発生に対して，感染症避難誘導や人命救助，初動隊員の安全や生命保全，初動後の体制構築，現場環境の汚染物質の除染，被害を最小限に抑えるなど，迅速かつ的確に対処することが求められ，そのためには汚染現場のテロ原因物質を早急に検出することが不可欠である。

　このような状況の下，今日まで国内外において，様々な生物剤，化学剤を個別に測定する装置が開発されてきた。これらは，危機管理や対策に関する取り組みや関連機器・システムに関する「危機管理産業展」[3]や「テロ対策特殊装備展」[4]が例年開催されており，詳細を知ることができる。しかしながら，現行検知機は，個々の生物剤・化学剤に対処するため，複数の検知機を同時に用意する必要があり，測定法も千差万別で，危機的状況下にある現場で即応的に混乱することなく検知機を作動させることは容易ではない。また，これらの検知機は，大気中に噴霧された不審な試料を回収する捕集ユニットを含んでいないため，現場においてマニュアル操作で試料調製しなければならない。加えて，各装置のメンテナンスコスト（検知機の維持，整備など）も大きい。現行機器のように，危険な現場で試料調製を行ったり，操作性に欠ける検知機を作動させることは，生物化学剤の曝露時間を不用意に長くさせ，初動隊員のリスクを増大させる。そのため，図1のような化学剤・生物剤に対して捕集から検知までを全自動で1台の検知機で行う装置の開発が現場のユーザーから待ち望まれている。

　一方，このような脅威に対峙するために，常時監視し警戒を行うことも対策の一つの在り方として考えられる。例えば，すでに米国では，安全保障省の推進するBioWatchプログラムを発足

＊　Masato Saito　大阪大学　大学院工学研究科　助教

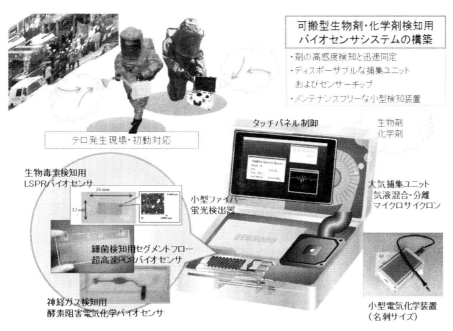

図1　初動対応を円滑にするための現場自動検知装置イメージ

させ，炭疽菌，天然痘ウィルス，ペスト菌，野兎病菌，ブルセラ菌，出血熱などの生物剤の監視の試みが行われている[5]。しかしながら，このシステムはかなり大型な装置となっており，大規模化は難しいと思われる。デバイスの小型化を考慮できれば，人々の集まるショッピングモールのような複合商業施設あるいは公共施設，駅や空港などの施設内に複数箇所，電車・バス・航空機のような交通輸送体の座席近傍や機体内に複数配置するなど，さらには個々のセンサーがネットワークに接続することで，ユビキタスなセンサシステムの構築を可能とし，テロ事案発生を素早く，また位置情報や拡散状況をリアルタイムに検知できるようになることが期待される。

　本節では，化学剤や生物剤検知に関する研究や，機器開発の例を紹介する。また，筆者の関与するグループでの試みとして，微小流体デバイス上で生物特異性に優れた遺伝子増幅技術（PCR）を行い，遺伝子情報から生物剤の種の同定と定量を行うオンチップPCR，生物毒素剤の定量に金ナノ粒子より生じる局在表面プラズモン（Localized Surface Plasmon Resonance, LSPR）を利用した生物毒素剤の高感度検出，酵素活性阻害を利用した電気化学計測による化学剤の高感度検出の例，さらには1台の検知器で捕集から生物剤・化学剤の同時検知を実現する小型・軽量な検知器の開発，これらディスポーザブル化を念頭に置いた検知デバイスやシステム開発の試みを紹介する。

6．2　化学剤・生物剤センシング

　化学剤・生物剤検知に関する多くの研究例があり，サリン，タブン，ソマン，VXなどの神経

ガスには，GC-MS，LC-MS，IM-TOF-MS，MALDI-TOF MSなどの質量分析，アセチルコリンエステラーゼ酵素（AChE）活性，比色法，蛍光共鳴エネルギー転移（FRET）に基づく蛍光プローブ法，電気化学検出法など種々の手法が報告されている[6~9]。また神経ガス剤は，神経伝達に重要な働きをしているアセチルコリンエステラーゼ（acetylcholinesterase，AChE）の活性を阻害することで毒性を示すことが知られているが[10, 11]，そのAChE活性とその阻害は分光分析や蛍光分析，ピエゾ素子，電気化学による分析法によっても計測することができる[12~16]。炭疽菌検出にはマルチプレックスイムノアッセイ[17]，TaqManアッセイによるPCR[18]，AgFON基板を用いた増強ラマン[19]などがある。生物毒素の検出には，従来から免疫測定がよく利用されているが，近年，マルチプレックスイムノアッセイとPCRによってエアロゾル化した生物剤を自動検出するシステムが開発されている。これは炭疽菌（*B. anthracis*）とペスト菌（*Y. pestis*）を，エアロゾル捕集，マルチプレックスイムノアッセイ，DNA抽出，PCR検出という順で検出を行うとしている[20]。しかしながら，このシステムは化学剤には対応できていないのが現状である。またファーストレスポンダーが使うためには低感度，擬陽性，煩雑な操作性，時間を要するなどまだいくつか改善点があることが指摘されている。消防や警察などのファーストレスポンダーは，事象に対して現場で早急に対応方針を決定しなければならず，そのため，現場で検知可能かつ軽量で可搬なシステムを求めている。それゆえ現場での初動として，サンプル捕集から化学剤・生物剤を選択的に検知が行える自動システムが強く求められている。

　筆者も化学剤・生物剤検知に適用可能な種々のバイオセンサー研究・開発に取り組んできた。上述の手法のうち，電気化学測定は高感度化とデバイスの小型化が同時に可能であり，現場利用への観点から有用である。筆者もUSB駆動型の小型ポテンショスタット（BDTminiSTAT100）とディスポーザブルなスクリーン印刷型電極（DEP chip）の開発を別途行ってきており（図2(a)）[21~23]，このデバイスを用いた化学剤実剤および擬剤の迅速検出を検討した。図2(b)に電気化学計測によるAChE活性阻害検出の仕組みを示す。基質であるアセチルチオコリンがAChEにより代謝され，チオコリンを生成する。このとき印刷電極上（カーボン）でチオコリンが酸化されジチオビスコリンが生成される際の電流値を計測することができる。なお微分パルスボルタンメトリー（DPV）にて計測した。ここで，有機リン系農薬であるダイアジノンオキソン（DZO）や神経ガスのサリンが存在するとこれらがAChEに結合し，アセチルチオコリンの代謝を阻害する[24]。化学剤擬剤としてDZOを用いて評価してみたところ，図2(c)に示すとおり，DZOによる阻害がない場合には0.5 Vあたりに酸化電流が計測され，DZO濃度に応じて阻害により電流値減少がみられることを確認した。図2(d)に示すように検量特性を得ることができている。自動検知装置に組み込んで，AChE活性阻害を利用したサリンの電気化学検出の検討例も後述紹介する。

　一方，金属ナノ構造を用いた局在表面プラズモン共鳴（LSPR）についての研究が近年注目されている。金属ナノ構造による局在的に閉じ込められた領域での表面プラズモン共鳴を誘起し，これに伴う強い吸収が観測される。このとき，透過光の吸収スペクトルを指標に，対象物との相互作用に伴い生じるスペクトル変化をみることで検知が可能となる。LSPR測定は，SPRのよう

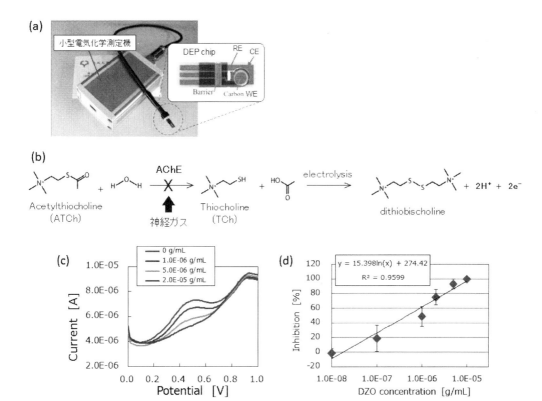

図2　AChE活性阻害および印刷電極を用いた電気化学測定
(a) 小型ポテンショスタットと印刷型カーボン電極，(b) AChE活性阻害の電気化学測定，
(c) DZOによるAChE活性阻害の電気化学測定，(d) 検量特性。

なプリズムを介する複雑な光学制御が不要であり，簡易な小型分光器で計測が可能であるため，特に現場計測への展開が期待されている。このようなLSPRを誘起する金属ナノ構造体には，金属ナノスフィア，ナノロッド，金属／誘電体のナノシェルなどの微細構造が多数報告されている[25, 26]。またLSPR技術は生体分子分析に有用な技術であり，免疫反応を利用した分析や感染症の医療診断などに幅広く応用されている。筆者も共同で，金ナノ粒子に毒素認識糖鎖を固定化し，LSPR計測による生物毒素の高感度検出を行い，それぞれ30 ng/mLのリシン，10 ng/mLの志賀毒素，20 ng/mLのコレラ毒素の検出に成功している[27]。この糖鎖を利用したLSPR計測技術を自動検知装置に組み込んで，生物毒素のオンサイト検出にむけた検討を後述する。

　生物細菌剤の検出においては，選択性と感度の両面から，塩基配列特異的にDNA分子増幅できるPCRが有効である。筆者も共同で，マイクロ流体技術による迅速な連続流オンチップPCRを報告している。COP樹脂にマイクロサイズの蛇行流路を成形したPCRチップを作製し，これを2つの熱源ブロックヒーター上に配置して，流路内を溶液が通過することで熱交換つまりPCRを行う仕組みである。8 μLと微量な反応液のセグメントフローをつくり，熱伝導の効率化と反応

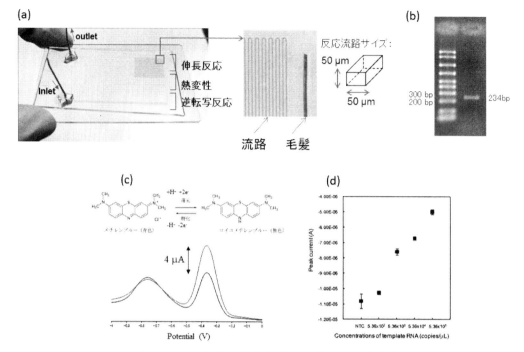

図3　ウィルスRNAの迅速増幅および増幅産物DNAの電気化学検出
(a) 試作した逆転写PCRチップデバイス，(b) 増幅産物DNAの確認，
(c) 増幅DNAの電気化学測定原理，(d) RNA初期濃度に応じた検量特性。

時間の高速化を実現し，5分以内と迅速に炭疽菌の毒素PA遺伝子のDNA増幅検出に成功している[28]。また，ウィルス検知の試みも行っている。これには逆転写PCRに適した流路パターンを設計し，PDMSを素材に用いたマイクロ流路チップを試作した（図3(a)）。従来，PDMSは試作の容易さからマイクロ流体デバイスへの利用が盛んであるが，ガス透過性が良いためにPCRに必要な95度付近で溶液中に気泡が発生するという課題があった。これに対し，流路末端を狭小にすることで流路内部圧力を高めて気泡発生抑制する技術を開発，克服することができている。モデルとしてインフルエンザウィルス遺伝子を10分以内に増幅検出することにも成功しており（図3(b)）[21]，他のウィルス剤においても適したプライマーを選択することで適用可能と考えられる。なお検出は，電気化学活性とDNA結合能を併せ持つメチレンブルーを指標にして電気化学測定により行っている（図3(c)(d)）。

6.3　捕集から検知までを可能にする自動検知装置の開発

現場にて自動で目的物を検知するためのデバイス機能として，現場の環境から試料を吸引する大気捕集機能を備えることが求められる。また，バイオセンシングの優れた点は，酵素や糖鎖などの持つ分子認識能つまり高い特異性を利用しているところにあるが，このときこれら認識分子

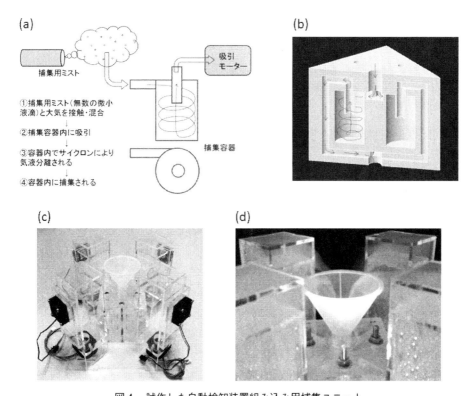

図4　試作した自動検知装置組み込み用捕集ユニット
(a) 捕集方法の概略, (b) 捕集容器構成, (c) 試作した捕集ユニット, (d) ミスト噴霧と捕集の様子。

は水溶液中において機能するため，目的物は水溶液中に取り込むことが必要となる。加えて，吸引する大気容量が大きいほど目的物の量も多くなり，バイオセンシングの際の高感度化に寄与することが期待できる。エアロゾルの現場サンプリング装置としては，Biocapture650（MesoSystems Technology, Inc., USA）がよく知られているが，他の検知デバイスとの直接的な接続は難しい。そのため，上述の仕様を満たしながら自動検知装置に組み込める新たなエアロゾルサンプリングユニットを開発しなければならない。

　そこで次の要領で捕集する仕組みを検討した（図4(a)）。大気中にミストを噴霧して，大気中試料と混合させる。その気液混合物を大気吸引，捕集する。このとき捕集容器中にてサイクロン[29]を発生させ，気液分離させることによって，水中に溶け込んだ各剤は水とともに捕集室内に捕捉され，不要なガスは室外に放出される，という仕組みとした。また，開発する自動検知装置は，化学剤・生物剤の特性が異なるため，それぞれをカバーするために異なる検出原理を用いる必要がある。そこで上記にて開発してきた技術を組み込み，統合した仕様とした。つまり酵素活性阻害を利用した電気化学測定法による化学剤検知，糖鎖固定化LSPRチップを利用した分光測定法による生物毒素剤検知，PCR遺伝子増幅による生物菌剤検知を一つのシステムに統合するものである。このとき，個々の反応が異なる溶液条件となるため，各剤別に捕集を行う必要が

あった。そのため，エアロゾルサンプリングのために複数の捕集室を備える仕様とした。加工性や量産性，ディスポーザブルを考慮してPMMA（アクリル）樹脂製とした。W 80×D 80×H 82 mmのサイズとなる。設計試作した捕集容器ユニットの断面を図4(b)に示す。捕集容器断面で大気の流れを示すと，上部の吸引口から入り，4つの各捕集室に分岐し，サイクロンを発生させ，捕集室中央の管に流れ，捕集容器底部の口から出て行く。実際の駆動としては，捕集容器底部の口に吸引モーターを接続して，モーターから吸引することで捕集室内が陰圧になる。そのため，捕集容器上部の穴から気液混合大気が呼び込まれ，各捕集室内でサイクロン発生とともに，気液分離される仕組みである。ミスト発生器については，超音波霧化ユニット（HM-2412，本多電子製）を用いた。一方，捕集のための吸引の駆動源となるモーターについて，大容量の大気吸引が可能で，かつ可搬型装置とするためにバッテリー駆動可能なモーターである必要がある。これを満たすものとして，日立製三相ブラシレスDCモーター（CV-XG20，DC24V駆動）を利用した。動作確認を行ったところ，図4(d)に示すように生成したミストを吸引している様子がわかる。また大気吸引量338 L/min，捕集液量726 μLの動作能力を達成した。大気吸引量に関しては，一般的な捕集器として知られているBiocapture650の吸引量200 L/minを超える結果となった。

　上述の各剤検知チップ要素技術および捕集ユニットを統合した自動検知装置（24 Vバッテリー駆動）を試作した。各剤実剤・擬剤を大気中に噴霧し，試作装置を用いて捕集から検知まで連続した評価試験を行ったところ，大気中致死濃度150 mg/m³の約1/5,000,000倍濃度の10 ngサリン（濃度換算0.03 μg/m³），大気中致死濃度0.1 mg/m³の約1/1,000倍濃度の30 ng VX（濃度換算0.1 μg/m³），空間致死濃度5.8 μg/m³の1/10倍に相当する10 ngボツリヌス毒素(A)（BTX/A/Hc），炭疽菌空間致死濃度以下に相当する8 cellの枯草菌芽胞擬剤を捕集し，連続してそれぞれの各剤検知バイオセンサーにて検知することに成功した。捕集開始から検知までの所要時間も，化学剤実剤で4分程度，毒素剤で15分，生物剤擬剤で15分と迅速性も満たすことができた。詳細については投稿論文[30]に記載しているので参照いただければ幸いである。なお，これら化学剤・生物剤計測については科学警察研究所，産業技術総合研究所と共同で行った。現在，さらに部品の最適化を進めて小型軽量化（30 cm×30 cm×30 cm，12.8 kg，24 Vバッテリー駆動）を図り（図5），引き続き開発を進めているところである。

6.4　おわりに

　冒頭に述べたように，化学剤・生物剤を用いたテロが世界各地で顕在化し，脅威となっている現状を鑑みて，テロに対するリスクマネージメントとして，事象発生した現場にて化学剤・生物剤に対して捕集から検知までを全自動で1台の検知機で行う装置の開発が待ち望まれている。また，小型化とネットワーク接続を図り，常時監視・警戒を行うことも，対処の一つの在り方として検討する価値はあると思われる。いずれにしても，マルチタスク可能なバイオセンシングデバイスを小型化し，各施設，交通輸送体などに配置できれば，テロ事案発生を素早く，また位置情

図5　試作した可搬型化学剤・生物剤検知バイオセンサーのプロトタイプ

報や拡散状況をリアルタイムに検知できるようになり，初動対応者の安全確保，被害者の救出，2次被害の防止に役立つものと期待される。また，これらの技術は，酵素や糖鎖，抗体などの認識分子，DNAプライマーなどを適宜選択すれば，テロのみに限らず，種々の感染症拡散の抑制制御，パンデミック防止，環境汚染と健康被害抑制，家畜・養殖の感染症監視，農産物輸出入の水際管理・品質管理（特定外来種害虫，カビ毒，未承認遺伝子組換え作物など），可能性を挙げればきりがないが，幅広く社会の安全にも寄与できるものと期待できる。またこれを実現するためには，ユーザー視点に立った実用を想定した設計，開発，評価が重要であり，また実際の対象物を用いた評価もより性能の信頼を高めることにもつながる。今後も引き続き実用に向けた研究が進むことを願うとともに，自身も鋭意取り組みを進めていくところである。

文　　献

1)　R. Danzig *et al.*, Insights into How Terrorists Develop Biological and Chemical Weapons, Center for a New American Security, Washington DC.（2011）
2)　Y. Seto *et al.*, In "Natural and Selected Synthetic Toxins – Biological Implications", A. T. Tu, W. Gaffield（Eds），318-332, American Chemical Society, Washington DC.（2000）
3)　危機管理産業展，http://www.kikikanri.biz/
4)　テロ対策特殊装備展，http://www.seecat.biz/
5)　B. J. Hlndson *et al.*, *Anal. Chem.*, **77**, 284（2005）
6)　*Chem. Rev.*, **111**, 5345-5403（2011）
7)　*Chem. Rev.*, **115**, PR1-PR76（2015）

8) *J. Chromatogr. A*, **1122**, 242-248（2005）

9) *J. Mass Spectrom. Soc. Jpn.*, **56**, 91-115（2008）

10) *Food Chem. Toxicol.*, **40**, 1327-1333（2002）

11) *Toxicol. Appl. Pharmacol.*, **191**, 48-62（2003）

12) *Anal. Chim. Acta*, **236**, 267-272（1990）

13) *Anal. Chem.*, **37**, 1675-1680（1965）

14) *Talant*, **65**, 337342（2005）

15) *Sens. Actuators B*, **104** 186-190（2005）

16) *Sensors*, **13**, 11498-11506（2013）

17) *Anal. Chem.*, **75**, 5293-5299（2003）

18) *Anal. Chem.*, **77**, 284-289（2005）

19) *J. Am. Chem. Soc.*, **127**, 4484-4489（2005）

20) *Anal. Chem.*, **77**, 284-289（2005）

21) *Analyst*, **136**, 2064-2068（2011）

22) *Analyst*, **136**, 5143-5150（2011）

23) *Electroanal.*, **26**, 2686-2692（2014）

24) *Chem. Rev.*, **87**, 955-979（1987）

25) 岡本隆之, 梶川浩太郎, プラズモニクス, 講談社（2010）

26) 梶川浩太郎, 岡本隆之, 高原淳一, 岡本晃一, アクティブ・プラズモニクス, コロナ社（2013）

27) *ACS Appl. Mater. Interfaces*, **5**, 4173-4180（2013）

28) *Biosensors and Bioelectronics*, **27**(1), 88-94（2011）

29) *J. Hyg., Camb.*, **67**, 387（1969）

30) M. Saito *et al.*, On-site oriented rapid multiple biosensing system for detection of chemical and biological agents, submitted

7 重金属汚染センシング

牛島ひろみ[*]

7.1 はじめに

　鉛，カドミウム，水銀，ヒ素などの重金属類による地下水や土壌の汚染は，飲料水の摂取や食物連鎖を通じて生体に重金属を蓄積させ，重大な健康被害を引き起こす[1,2]。重金属のうち，亜鉛や銅などは健康に必須な元素であるが，これらも過剰量摂取した時には問題が生じる。重金属汚染の原因は，公害のような人為的なものだけでなく自然由来のものも多く，先進国から発展途上国まで世界中で問題となっている。

　健康被害を防ぐために，有害な重金属を検知するシステムにより，汚染を検出，定量し，対策をとる必要がある。土壌や水に関して重金属濃度の測定法は公定法が定められているが，複雑な抽出操作があり，また原子吸光光度計やICP質量分析装置（ICP-MS），ICP発光分光分析装置など高価な測定装置が必要となるため，試験場所が限られ，結果を得るまでに時間もかかる。一方，土壌や地下水，河川や湖水などをオンサイトで短時間にスクリーニングを行い，重金属汚染の有無や程度を検討することも効率的な分析のために必要である。その手法の1つとして感度の高い電気化学ストリッピング分析法が知られている。我々はディスポーザブル印刷電極（DEP-Chip）[3~5]と小型ポテンショスタット（BDTminiSTAT100またはBDTminiSTAT100BT-Sまたは-R）を用いて同時に6つの重金属を検出，定量することのできるシステムを作成し，地下水，土壌などについて実際に測定した。BDTminiSTAT100BTシリーズは，ブルートゥースによりデータを送信することができ，IoTデバイスとして利用できる。本システムは低コストで迅速に定量することができ，オンサイトスクリーニングの有用なツールとなるものと期待される。

7.2 6種類の重金属の同時測定

　今回使用した電気化学測定システム（図1）は，主に手のひらサイズのBDTminiSTAT100（サイズ53×75×20 mm，重さ65 g）とWindowsタブレットやノートパソコンなどを組み合わせ，作用極，対極，参照極を備えたDEP-Chip（4×12×0.3 mm）で測定するもので，軽くてコンパクトであることから可搬性が高く，実験室だけでなく，現場での測定にも利用できる。サンプルは，DEP-Chipの上面に印刷された電極上に20～30 μL載せ，専用ソフトでanodic stripping voltammetryを行い測定した。すなわち，適切な定電圧（表1，E1）を一定時間（表1，T1）かけることで重金属イオンが電気化学的に還元され電極表面に析出し濃縮される。その後電圧を掃引し，各金属種がそれぞれ特定の電圧で酸化されて流れる電流ピークを測定することで定量することができる。BDTminiSTAT100の5つの測定モードのうち，differential pulse voltammetry（DPV）あるいはsquare wave voltammetry（SWV）でanodic stripping voltammetryを行うことができる。使用した測定条件を表1に示した。なおDEP-Chipには作用極にカーボンペースト

　＊　Hiromi Ushijima　㈲バイオデバイステクノロジー　取締役，企画部長

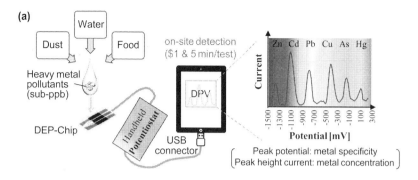

図1　測定機器と印刷電極（DEP-Chip）
(a) システムの構成と測定結果表示の模式図
(b) 制御用タブレットの上部に小型電気化学測定装置（miniSTAT100）本体
とその上に重ねて電極を挿入したコネクタボックスが配置されている。
右上拡大図は今回使用したDEP-Chipの1種で角型カーボン電極

を用いたもの（C-DEP）と金ペーストを用いたもの（Au-DEP）があり，C-DEPではピークがはっきりしなかったヒ素や水銀はAu-DEPを用いたところ明確なピーク電流を検出できた。

　まず，このシステムを用いて亜鉛（Zn），カドミウム（Cd），鉛（Pb），銅（Cu），水銀（Hg），ヒ素（As）各々の標準液単独で検量線を作成した。図2に示すように，それぞれ異なる位置に単独のピークを検出し，いずれも，ほぼ直線的な検量線を得ることができた。LODは0.4～7.8 ppbで，WHOなどが提唱している各種許容基準より低い濃度を測定できた（表2）[6~8]。

　次いで，これらの標準液を様々な濃度で混合し，同時測定を試みた。複数の重金属を同時に測定するためにカーボン電極にSchiff Base Ligandを修飾する[9]，あるいはdisulfide ligandを含む有機ナノ粒子をサンプルに適用し，プラチナ電極で測定する[10]など，様々な方法が報告されている。今回，印刷電極はそのまま用いたが，anodic stripping voltammetryで広く利用されている硝酸ビスマス[11, 12]を測定サンプルに添加した。Zn，Cd，Pb，CuおよびHgの標準液5～100 μg/

表1　使用したDPVパラメーターのまとめ

DPV parameters	Carbon DEP-Chip					Gold DEP-Chip		
	Zn	Cd	Pb	Cu	Zn/Cd/Pb/Cu	As	Hg	As/Hg
Peak potential（V）	-1.423	-1.178	-0.889	-0.321	$-1.428/-1.109/-0.887/-0.3$	0.092	0.45	0.06/0.42
Potential								
Begining potential（mV）	-1500	-1300	-1300	-490	-1500	-140	300	-100
End potential（mV）	-1200	-900	-700	-130	250	165	600	500
Step amplitude（mV）	4	4	4	4	4	10	10	10
Pulse amplitude（mV）	50	50	50	50	50	50	50	50
Time								
Pulse period（ms）	200	200	200	200	200	200	100	200
Pulse width（ms）	50	50	50	50	50	50	40	50
Sampling width（ms）	16	16	16	16	16	16	2	16
Scan rate mV/s	20	20	20	20	20	100	100	100
Common								
E1（mV）	-1600	-1400	-1400	-1400	-1600	-400	200	-250
T1（s）	300	300	300	300	300	60	120	90
Range								
Fixed	1	1	1	1	1	1	1	1

Carbon DEP-Chipは作用極がカーボン製，Gold DEP-Chipは作用極に金ペーストを使用している。

表2　6種の重金属のDEP-Chipシステムによる測定感度と実サンプルの測定結果

	Limit of Detection		Drinking Water		Air Dust		Soil	
	Individual（μg/L）	Simultaneous（μg/L）	PEL[a]（μg/L）	Sample[b]	PEL[c]（μg/m^3）	Sample[d]（μg/g）	PEL[e]（μg/g）	Sample[f]
Cd	0.4	0.6	3	1.73	5	0.22	85	0.016
Pb	1.4	1.4	10	6.5	50	27.4	420	0.24
As	1.4	1.3	10	2.3	10	0.034	75	0.025
Hg	0.9	1.4	6	4.1*	25	27.2*	840	0.045*
Cu	0.5	2.4	2000	14.7	1000	8.14	4300	0.175
Zn	7.8	22.9	3000	1240	10000	75.6	7500	1.4

[a] WHO（World Health Organization）[6]；[c] OSHA（Occupational Safety and Health Administration of United States, Department of Labor）[7]；[e] US-EPA（United States Environmental Protection Agency）[8]
[b] 井戸水（飲用）　インド　Jaipur市，[d] 教室内の埃　インド　Jaipur市の教育機関，[f] 公園の土　日本 石川県能美市
＊：水銀と鉄の合計値，PEL：許容暴露限度

Lを含む混合液をC-DEPで測定したところ，それぞれが明確なピークを異なる位置に示し，濃度依存的に変化した（図3(a)）。また，添加濃度に対してピーク電流の大きさをプロットした検量線はいずれも直線となった（図3(b)）。混合液での測定では，LODがZnとCuで値が大きくなり，共存による相互作用のあることが示唆された。しかし，これらの許容基準は他の重金属類より比

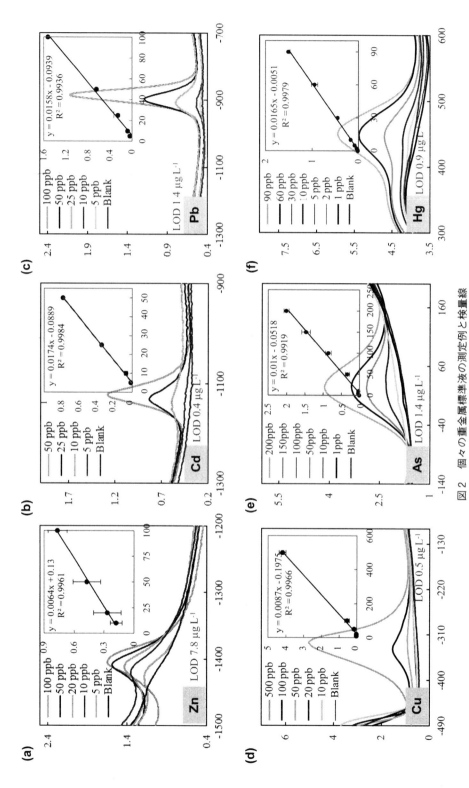

図2 個々の重金属標準液の測定例と検量線

(a) 亜鉛，(b) カドミウム，(c) 鉛，(d) 銅は作用極がカーボン製のDEP-Chipで，(e) ヒ素，(f) 水銀は作用極が金製のDEP-Chipで測定した。いずれもX軸は電圧 (mV)，Y軸は電流値 (μA) を示す。検量線はいずれもX軸が濃度 (μg/L)，Y軸は電流値 (μA) を示す。LOD：Limit of detection

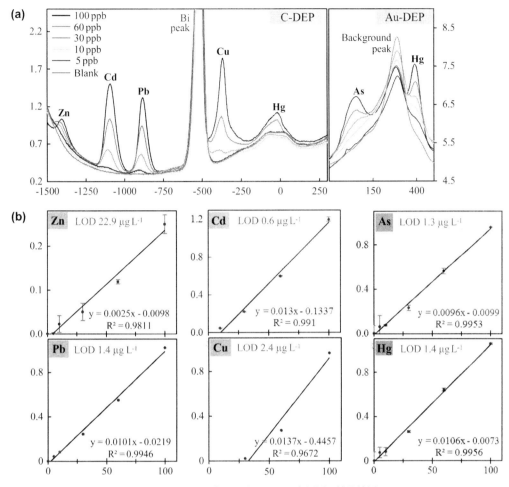

図3　重金属混合標準液の同時測定例(a)と検量線(b)

(a) C-DEPはカーボン製作用極の，Au-DEPは金製作用極の印刷電極を示す。いずれもX軸は電圧（mV），
　　Y軸は電流値（μA）。

(b) X軸は濃度（μg/L），Y軸は電流値（μA），LOD：Limit of detection

較的高いため，LODがやや高くなった値ではあるが，実用的には問題はないと考えられる。し
かし，C-DEPで測定したHgのLODは93.3μg/Lであり非常に感度が低かった。そこで，AsとHg
を混合し，測定したところいずれも高い感度で測定できた（図3，表1）。HgのLODは1.4μg/L
で，C-DEPで得られたLODの約100倍高い感度であった。

7.3　実サンプルを用いた測定

　実際に環境中に存在する重金属をスクリーニングすることができるかを検討するために，井戸
水（飲用），土，埃を対象として重金属の検出，定量を試みたところ，標準液の混合液で認めら

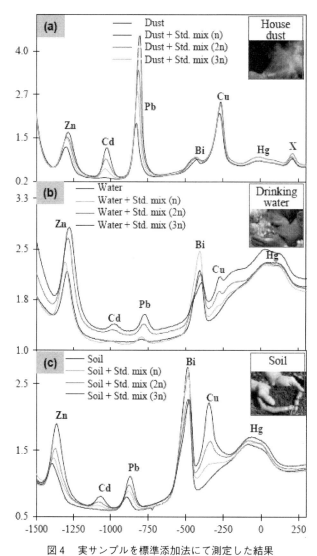

図4 実サンプルを標準添加法にて測定した結果
(a) 室内の埃（インド，Jaipur市にある大学の教室で採取）
(b) 井戸水（インド，Jaipur市中央部にて採取）
(c) 土（日本，石川県能美市の公園で採取）
X軸は電圧（mV），Y軸は電流値（μA）

れたと同様のピークが6種以上確認できた（図4）。標準添加法により定量するために，既知濃度の標準液の混合液を添加し測定したところ，添加量に依存したピーク電流値の増加が認められた（図4）。この結果から算出した各サンプル中の重金属濃度を表2にWHOなどの提唱する許容基準と併せて記した。いずれのサンプルでも今回対象とした6種の重金属すべてを含んでいた。インド都市部の井戸水ではCuとZnを除いてWHOの許容限界に比較的近い値であった。インド都

表3　食品（米，インスタント麺），井戸水，水道水，埃について
鉛，カドミウム，ヒ素をDEP-ChipとICP-MSで定量した結果の比較

Samples		ICP-MS	DEP-Chip
Lead			
1	Noodles （Brand-A, India）	14	ND
2	Noodles （Brand-B, Japan）	1	ND
3	Noodles （Brand-B, Japan + 10 μg L^{-1} added）	11	10 ± 1
4	Noodles （Brand-B, Japan + 50 μg L^{-1} added）	49	55 ± 4
5	Groundwater （Bikaner, Rajasthan, India）	70	61 ± 3
6	Groundwater （Amarapura, Rajasthan, India）	60	55 ± 3
7	Tap water （Nomi, Ishikawa, Japan）	3	2 ± 1
8	Tap water （Nomi, Ishikawa, Japan + 1 μg L^{-1} added）	4	4 ± 1
9	Tap water （Nomi, Ishikawa, Japan + 50 μg L^{-1} added）	49	47 ± 2
10	Dust （Jaipur, Rajasthan, India）	910	800
11	Dust （Nomi, Ishikawa, Japan）	520	510
Cadmium			
12	Rice （Indica brand-A, India）	9	ND
13	Rice （Japonica brand-B, Japan）	1	ND
14	Rice （Japonica brand-B, Japan + 10 μg L^{-1} added）	12	<10
15	Rice （Japonica brand-B, Japan + 50 μg L^{-1} added）	52	49 ± 8
16	Tap water （Nomi, Ishikawa, Japan）	< 1	< 1
17	Tap water （Nomi, Ishikawa, Japan + 1 μg L^{-1} added）	2	2 ± 2
18	Tap water （Nomi, Ishikawa, Japan + 50 μg L^{-1} added）	57	47 ± 2
Arsenic			
19	Tap water （Nomi, Ishikawa, Japan）	< 1	<10
20	Tap water （Nomi, Ishikawa, Japan + 10 μg L^{-1} added）	10	8 ± 3
21	Tap water （Nomi, Ishikawa, Japan + 50 μg L^{-1} added）	54	45 ± 10

単位は（μg/L）

市部で採取した室内の埃には高い濃度のPbとおそらくHgが含まれていた。ただし，Hgについては，Feがほぼ同じ場所にピークを示すため，分別することができなかった。また，埃では今回対象とした6種の重金属以外のピークX（図4(a)）が認められた。これが何であるかは明らかではないが，ICP-MSを用いて同じ埃サンプルを測定した結果（定性的測定のため半定量），Fe，Mn，Cr，Ni，Zrが比較的高濃度で存在していることが示された。FeとMnは全く異なる位置にピークを示したこと，これらの標準液を添加してもXのピークサイズが変わらなかったことから，XはFeやMnではなく，Cr，Ni，Zrのいずれかであろうと推測された。土については，いずれの重金属も検出されたものの，US-EPAの許容基準をはるかに下回っていた（表2）。

　DEP-Chipを使用した本システムの実用性をさらに検討するために，米，インスタント麺，井戸水，水道水についてCd，Pb，Asを測定し，同じサンプルをICP-MSで測定した結果と比較した（表3，図5）。サンプルは採取したそのものの他に，これらに各重金属標準液を1～50 μg/Lになるよう添加したものも用意した。

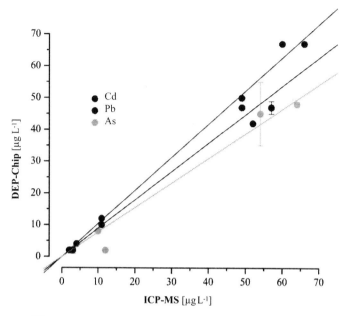

図5　DEP-ChipシステムとICP-MSによる定量結果の相関性

　インドでは最近，最も信頼されていた食品ブランドの1つであるMaggi（Nestle）のインスタント麺（2-min Noodles）に許容基準を大きく超えたPbが検出され，販売禁止となった。この事件により消費者は食品の安全性に改めて高い関心を示している。環境だけでなく，食品についても常にモニタリングの必要性がある。今回測定したインドおよび日本のインスタント麺および米はいずれもDEP-ChipシステムでPbやCdは検出されなかった。ICP-MSでも許容基準を大きく下回る結果であった。しかし，10μg/Lおよび50μg/LのPb，Cdを添加した場合は本システムの測定結果とICP-MSの測定結果はほぼ一致した（表3）。

　またインド北部では，Pb，Cd，Asなどが地下水に混入していることが報告されている[13, 14]。そこで，インド北部のRajasthan州の郊外と都市部で地下水（井戸水）を採取し，DEP-Chipシステムを用いてその場で測定したところ，飲用水の許容基準（WHO）の約6倍もの高濃度のPbを検出した。この結果はICP-MSによって確認され，DEP-Chipを用いた測定システムがオンサイトの環境モニタリングに有用であることを示している（表3）。

　日本の水道水ではPb，Cd，Asいずれもほとんど検出されなかったが，これに重金属標準液を添加したサンプルで，DEP-ChipシステムとICP-MSによる測定結果はほぼ一致した。ICP-MSとDEP-Chipシステムの測定結果の相関係数は0.978から0.995であり，高い相関性が認められた（図5）。

7.4　おわりに

　DEP-Chipシステムを用いて6種類の金属が混在する場合でも測定できること，食品や地下水，土などの実サンプルについてICP-MSの測定結果と相関性の高い結果が得られたことなどから，環境や食品のリスクの1つである重金属について簡便に測定するためにDEP-Chipシステムが有効であることが示された。HgについてFeと区別できない点や感度が不十分な可能性はあるものの，Pb，Cd，As，Zn，Cuについては十分な感度を示しており，モニタリング，スクリーニング用として実用性が高いものと考えられる。ICP-MSなど公定法に使用される機器は精度，感度は高いが，高価で熟練した分析技術が必要であり，誰もが使用できる手法ではない。一方DEP-Chipシステムは安価で，印刷電極がディスポーザブルであることからコンタミネーションも少なく，測定条件をあらかじめ設定しておけば電極をサンプルに浸す，あるいは電極上にサンプルを載せるだけで誰でも簡便に測定できる。また，タブレットのようなスマートデバイスと組み合わせることが容易であり今後IoT機器としての活用が期待される。

文　　　献

1)　R. Singh *et al.*, *Indian J. Pharmacol.*, **43**, 246（2011）
2)　K. I. Okoro *et al.*, *Afr. J. Agric. Res.*, **10**, 3116（2015）
3)　M. Chikae *et al.*, *Analytical Chimica Acta.*, **581**, 364（2007）
4)　N. Nagatani *et al.*, *Analyst*, **136**, 5143（2011）
5)　M. Biyani *et al.*, *Biosens. Bioelectron.*, **84**, 120（2016）
6)　WHO, Guidelines for drinking-water quality 4th Edition（2011）
7)　United States Department of Agriculture, urban technical note No. 3（2000）
8)　WHO, WHO technical report series 960（2011）
9)　J. Singh *et al.*, *Electroanalysis*, **27**, 2544（2015）
10)　F. Nourifard *et al.*, *Electroanalysis*, **27**, 2479（2015）
11)　J. Wang *et al.*, *Anal. Chem.*, **72**, 3218（2000）
12)　S. Lee *et al.*, *J. Electroanal. Chem.*, **766**, 120（2016）
13)　V. Duggal *et al.*, *J. Environ. Occup. Sci.*, **3**, 114（2014）
14)　R. C. Dixit *et al.*, *Indian J. Environ. Health*, **45**, 107（2003）

8 ポリマー製フォトニック結晶を用いたポータブルバイオセンシング

遠藤達郎*

8.1 はじめに

近年注目されているIoT（Internet of Things）は，2000年代より構想されてきた「いつでも・どこでも・何でも・誰でも」ネットワーク接続が可能な「ユビキタスネットワーク社会」実現の一環として表現されるようになっている。IoTのコンセプトは，「自動車，家電，ロボット，施設等あらゆる「モノ」がインターネットと接続し，情報のやり取りをすることで，モノのデータ化や自動化等が進展し，新たな付加価値を生み出す」というものである[1]。近年ではコンピュータをはじめスマートフォン，自動車，家電等様々な「モノ」がインターネットと接続し，種々の情報をやり取りすることが可能となっている。

これら背景をもとに近年では，疾病診断や薬剤感受性評価といった医療・創薬分野へIoTを導入する動きが強まりつつある[2]。医療・創薬分野へIoTを導入することは，生体に関連する種々の生体情報，すなわち物理情報（心電図・心拍数・血圧・体温・活動量等）・化学情報（塩基配列・タンパク質濃度・酵素活性等）を取得し，①健康状態の把握・管理，②医療現場の設備維持管理費削減，とともに医療情報の標準化・共通Information and Communication Technology（ICT）インフラ整備を行い，医療の質と効率性の向上が期待できる。すでにIoTを導入した生体情報を取得するデバイスは，物理情報を主として開発が進められている[3]。これは，遠隔医療において有効であると期待されており，高齢者の健康状態を把握することに活用されることが予想される。

日常的な健康状態の把握に物理情報を取得することは，健康維持・増進に有効であると考えられる。しかし，物理情報だけでは個人の健康状態，特にがんや生活習慣病，感染性疾患，神経変性疾患といった種々の疾病発症状態（発症の有無・重篤度等）を知ることは困難である。近年わが国では少子高齢化社会の影響を受け，アルツハイマー病やパーキンソン病といった神経変性疾患発症数の増加が危惧されている。加えて，インフルエンザ等感染性疾患による重篤化・感染拡大も問題視されている。そこで，これら課題を解決するため化学情報を取得するデバイスにおいても同様にIoTを導入することが望まれている。化学情報を取得するデバイスにIoTを導入することは，疾病の早期診断という利点に加え，疾病予後の経過状態についてもデータ蓄積が可能であり，長期にわたる経過観察にも適している[2]。

しかし，化学情報取得可能なデバイスにIoTを導入することは，以下の点で課題があった。

① 操作が煩雑な点

物理情報を取得するデバイスに比べ，化学情報を取得するには，血液等の体液が必要である。加えて化学情報取得には，①体液採取，②デバイスへ滴下，③反応，④測定，といった多段階の操作が必要であることから，長い時間を要する。

＊　Tatsuro Endo　大阪府立大学　大学院工学研究科　物質・化学系専攻　准教授

② 既存の測定技術を採用している点

　化学情報の取得には，酵素免疫測定法（Enzyme-linked immunosorbent assay：ELISA）等生化学分析法やDNAマイクロアレイやプロテインチップが広く用いられている。これらの手法は，蛍光や電気化学といった異なる検出原理を用いて化学情報取得が行われているが，それぞれ測定対象物質に応じて検出原理が異なる。

③ 大型・高額な装置が必要な点

　物理情報は，電気信号として取得可能なものが多い反面，化学情報は電気信号，光信号等測定対象物質・測定原理に応じて異なる。加えて多くの装置が大型・高額であるため，IoT導入が困難となる場合がある。一方でpH試験紙のように目視で「色彩」として診断可能なデバイスについては，尿糖や妊娠診断のように高濃度の測定対象物質についてのみ検出が可能であるが，低濃度の測定対象物質を検出・定量する必要のある他の疾病については，困難である。

　前述した課題を解決するために，筆者らは現在ナノメートルサイズの構造より観察される光学特性を利用したバイオセンシングデバイスの開発を進めている。現在筆者らはナノメートルサイズの誘電体が周期的に配列した光学デバイス「フォトニック結晶（Photonic crystal：PhC）」より観察される光学特性（光回折・反射特性）に着目し[4]，バイオセンシングデバイスの開発を行っている。加えて筆者らは，IoTへの導入を指向し，ナノインプリントリソグラフィー（Nanoimprintlithography：NIL）を用いてポリマー製PhC作製を行い，抗原抗体反応やDNAハイブリダイゼーション等を高感度に検出・定量することに成功している。本稿では，筆者らがこれまでに行ってきたポリマー製PhCとスマートフォンに搭載されているCMOS（Complementary Metal Oxide Semiconductor）カメラを用いたポータブルバイオセンシングデバイス開発について紹介する。

8.2　ナノ光学デバイスのバイオセンシングデバイスへの応用

　前述したPhCとは，ガラスやシリコン，ポリマー等誘電体材料を基材とし，ナノメートルサイズの構造が結晶様に周期的に配列したものである。PhCは，周期的な屈折率分布を有し，その光学特性はブラッグの反射式に基づいて特定波長の光がPhC中を伝搬することを許さない帯域（Photonic band gap：PBG）が形成される。PBGは，PhC基材の物性（誘電率），個々の構造が有するサイズ・構造の間隔，周期性を制御することで，任意の波長帯域にPBG形成が可能である[5]。

　PhCが有する光学特性を利用し現在筆者らは可視領域においてPBGを有するPhCを作製し，バイオセンシングデバイスへの応用を行っている。本項では，PhCをはじめとするナノ光学デバイスに関する研究領域である「ナノフォトニクス」およびナノフォトニクスを基盤技術としたバイオセンシングデバイスについて概説する。

8.2.1 ナノフォトニクス

近年ナノメートルサイズの構造において観察される光学現象が，バルク状態とは顕著に異なることが報告されるようになり，太陽光発電や光通信，情報処理等への応用を指向し，既存のデバイス性能を凌駕する新規光デバイスの開発が期待されている。

この背景を受け，ナノメートル領域における光学現象およびその光学現象を種々の分野へ応用する研究領域が「ナノフォトニクス（Nanophotonics）」である。ナノフォトニクスは，世界中で精力的に研究が行われており[6,7]，近年では，シリコン等無機材料を基材として光学デバイスを作製する「シリコンフォトニクス（Silicon photonics）」によって情報通信分野に関する研究の発展が目覚ましく，注目されている[8]。

一方で，金や銀等を基材として作製した貴金属ナノ粒子や，半導体ナノ粒子も注目されている。これらナノ粒子は，バルク状態とは異なる光学特性を示し，貴金属ナノ粒子の場合，金属光沢とは異なった色彩を呈し，半導体ナノ粒子の場合，サイズと基材を選択することによって，特異的な蛍光を観察することができる。貴金属ナノ粒子は，金の場合ワインレッド，銀の場合黄色を観察することができる。これは，固体中の電子が集団振動する光学現象「局在表面プラズモン共鳴（Localized surface plasmon resonance：LSPR）」に起因するものである[9]。加えて半導体ナノ粒子より観察される蛍光は，量子サイズ効果に起因するものであり，有機色素より観察される蛍光と比べて蛍光寿命が長いという利点がある。蛍光を発する半導体ナノ粒子は量子ドット（Quantum dot：QD）と呼ばれ，広く利用されている[10]。

このようにナノメートルサイズの構造より観察される光学特性は，マイクロメートル・ミリメートルサイズのバルク状態では観察することができない。この特異的な光学特性を利用し，バイオセンシングデバイスを開発することは，前述した課題の解決につながると期待でき，筆者らは精力的にバイオセンシングデバイス開発を進めている。

8.2.2 ナノフォトニクスを用いたバイオセンシングデバイス開発の利点

筆者らがこれまでに開発を進めているナノフォトニクスを用いたバイオセンシングデバイスは，これまでに報告されてきた種々の検出原理を用いたバイオセンシングデバイスと比べ，多くの利点を有している。

前述した課題に対する解決策として，ナノフォトニクスを用いたバイオセンシングデバイスの利点を以下に示す。

① 観察される光学特性は，抗原抗体反応や酵素反応等生化学反応によって誘起される周囲の環境変化（屈折率変化等）に応じて顕著な光学特性変化を示す点

疾病診断に使用される測定対象物質は，DNAやタンパク質等多種多様である。これら測定対象物質に対応した検出原理・デバイスを使用することは，操作を煩雑にさせてしまう。一方でナノフォトニクスを用いたバイオセンシングデバイスは，屈折率変化等ナノ構造周囲の環境変化を誘起することができれば，測定対象物質に制限がない。加えて本バイオセンシングデバイスは，既存の生化学分析法と比べ蛍光物質や酵素等相標識試薬を必要としないため，操作を

簡便化させることが可能である。

② 同一のデバイス上で測定対象物質の検出・定量が可能な点

既存の生化学分析法等では，測定対象物質に応じて異なる検出原理を用いる必要があった。一方で本バイオセンシングデバイスは，「屈折率変化」という，どのような物質においても濃度・分子量に依存して変化する物性を検出に使用しているため，同一のデバイス上で検出・定量することが可能である。

③ 観察される光学特性は，サイズや基材物性に依存して制御可能な点

8.2.1項で述べたようにナノメートルサイズの構造より観察される光学特性は，サイズや使用する基材の物性（誘電率等）を設定することで任意の波長で観察されるように制御することが可能である。これは，使用可能な光学系（検出器等）に対応したサイズ・物性を有するナノ構造を作製・使用することで新たに光学系を構築する必要がない。また，可視領域において観察可能である場合は，デジタルカメラやスマートフォン，レーザーポインター等安価かつ小型の光学系を使用することが可能であり，IoTへの導入が容易となることが期待できる。

特に③は，標識試薬の必要なく測定対象物質の検出・定量が可能なバイオセンシングデバイスである，表面プラズモン共鳴（Surface plasmon resonance：SPR）や水晶振動子（Quartz crystal microbalance：QCM）等と比べ，測定系の簡易化・低価格化が可能である。これらの利点から筆者らは，ナノフォトニクスを基盤技術として用い，可視光で測定対象物質の検出・定量が可能なバイオセンシングデバイス開発を行っている[11~22]。

8.3　ポリマーを基材としたバイオセンシングデバイスの開発

これまで報告されているバイオセンシングデバイスは，ガラスやシリコン等無機材料を基材として用い電極やマイクロ流路を形成し，開発が行われてきた。特にナノフォトニクスを用いたバイオセンシングデバイス開発には，シリコンを基材としたものが多い。これは，シリコンフォトニクスを用いた光通信デバイスをバイオセンシングデバイスへ転用しているためである。加えてシリコンを基材として作製する場合，電子線描画（Electron beam lithography：EBL）装置[23]，集束イオンビーム（Focused ion beam：FIB）[24]，誘導結合プラズマ反応性イオンエッチング（Inductively coupled plasma reactive ion etching（ICP-RIE））[25]等半導体微細加工技術を用い，クリーンルーム環境下において作製するため，精度の高いデバイスを作製することが可能である。

しかしEBL，FIB，RIE装置を用いて作製したデバイスは，高い精度・再現性をもって作製が可能である反面，デバイス自体の大面積化を実現するには高い技術・長い時間を要し，作製コストが高額となってしまう。加えてシリコンを基材として用い作製したバイオセンシングデバイスの場合，可視領域の光を反射してしまうため赤外領域の光源を使用する必要がある。赤外領域の光源を使用するには，専用の検出器，測定環境構築が必要である。光通信としての応用を指向し

た場合，シリコンを基材としたデバイスは有効であるが，IoT導入を指向したバイオセンシング
デバイスへの応用にはシリコンを基材としたデバイスは解決すべき課題が多い。そこで筆者ら
は，①可視領域の光源で測定対象物質の検出・定量が可能な，②pH試験紙のように目視でも検
出定量可能な，③安価に作製可能な，バイオセンシングデバイスを開発するため，ポリマーを基
材として用いることを着想した。

　本項では，ポリマーを基材として用いバイオセンシングデバイスを作製するため，Princeton
大学のChouらが1995年に提案した技術「ナノインプリントリソグラフィー（Nanoimprintlithography
：NIL）」および筆者らが提案しているNILを用いたナノ光デバイス製造技術「プリンタブルフォ
トニクス」[26]とバイオセンシングデバイスとして用いているフォトニック結晶の原理について紹
介する。

8.3.1　ナノインプリントリソグラフィーを基盤技術とした「プリンタブルフォトニクス」

　NILは，エンボス技術が発展したものであり[27]，ナノメートルサイズの凹凸パターンを有する
金型からポリマーフィルム上へ金型形状を加熱・紫外線照射によって転写することができる。
NILを用いてナノ構造を転写することは，①安価にデバイス作製が可能，②再現性良くデバイス
作製が可能，といった利点がある。これら利点から現在筆者らは，NILを基盤技術とした「プリ
ンタブルフォトニクス」を提案し，作製したデバイスを用いてバイオセンシング応用を行ってい
る。

　プリンタブルフォトニクスは，電子回路のプリント基板のように，ナノ光学デバイスを安価に
量産することが可能であるほか，金型さえ用意できれば容易に作製することができる。加えて使
用する基材がポリマーであることから，ポリマー中へナノ粒子や誘起色素等を包含（ドーピン
グ）させ，ポリマー担体では実現困難であった高次機能を発現させたデバイスを作製することが
可能である。

　しかし，プリンタブルフォトニクスを実現するためには，高い精度を有する金型の作製が必要
となる。金型の作製は，EBL等が現状必要不可欠であり，金型作製コストが高額となってしまう
課題がある。

8.3.2　フォトニック結晶

　前述したようにPhCは，PBGによって特定波長の光を反射させる特徴を有し，PhC設計によっ
て，特定波長光を伝搬・回折させることが可能である[28]。また，可視領域において観察可能な
PBGの一例として挙げられるのが構造色である。構造色は，PhCの周期性を制御することで，可
視領域（380〜780 nm）の光を特異的にブラッグ反射し，それが色彩として観察されるものであ
る。これは，色材を使用するものではなく構造が寄与しているため，光入射角度・PhC周期・周
辺屈折率に応じて観察される色彩が変化する。

　このPhCより観察される色彩に筆者らは着目し，バイオセンシングデバイス開発を行ってい
る。本バイオセンシングデバイスは，光通信等において使用される波長帯域（1500 nm近傍）と
は異なり，pH試験紙のように目視で色彩の強度変化として観察可能となることが期待できる。

また，色彩として観察可能であることから，スマートフォンに搭載されているCMOSカメラを用いたIoT導入が可能なバイオセンシングシステムの構築も容易である。

8.4　IoT応用を指向したフォトニック結晶バイオセンシングデバイス

　NILを基盤技術としたナノ光デバイス作製技術「プリンタブルフォトニクス」は，シリコンやガラスを基材としたナノ光デバイスと比べ，簡便・安価にデバイス作製が可能である。加えてプリンタブルフォトニクスを用いて作製したフォトニック結晶は，可視領域の光を特異的に反射させ，色彩として観察することができる。また，観察される色彩は，周辺の屈折率変化に対して鋭敏であることから，抗原抗体反応や酵素反応等の周辺屈折率変化を誘起させることができれば目視でも測定対象物質の検出・定量が可能となることが期待できる。

　本項では，プリンタブルフォトニクスを用いて作製したポリマー製フォトニック結晶とスマートフォンに搭載されているCMOSカメラを用いた酵素反応の検出について紹介する。

8.4.1　ポリマー製フォトニック結晶を用いた酵素反応の検出

　ポリマー製フォトニック結晶を用いた酵素反応の検出原理図を図1に示す。筆者らはプリンタブルフォトニクスを用いて作製したホールアレイ形状を有するポリマー製フォトニック結晶（ホール直径・間隔：230 nm，ホール深さ：200 nm）を用いた。本構造は，ブラッグの反射式に基づき，緑色の色彩を目視で観察することが可能である。また酵素反応の検出には，あらかじめフォトニック結晶表面へ酵素基質を固定化した後，試料溶液を滴下する。試料溶液中の酵素は濃度（活性）に依存して固定化した基質を分解させる。この分解によって誘起されるフォトニック結晶周囲の屈折率変化に起因する色彩変化（反射ピーク波長・強度シフト）を観察することで，酵素反応の検出が可能となる。

　筆者らは酵素反応検出のモデル実験として，ノイラミニダーゼを用いることとした。ノイラミニダーゼは，ノイラミン酸のグリコシド結合を切断する酵素であり，インフルエンザウイルスの表面に存在している。インフルエンザウイルスは，自己複製プロセスにお

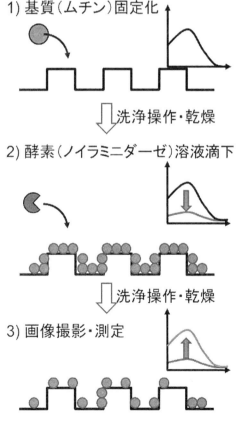

図1　ポリマー製フォトニック結晶を用いた酵素（ノイラミニダーゼ）反応検出原理

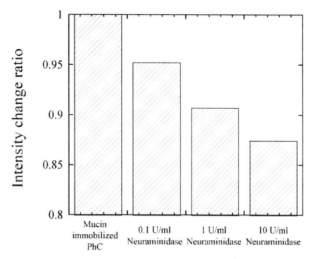

図2　ムチン固定化ポリマー製フォトニック結晶より観察される光学特性変化のノイラミニダーゼ活性依存性

いてノイラミニダーゼを用いていることから，ノイラミニダーゼ活性を測定することで，インフルエンザウイルスの有無等感染性疾患の判定が可能となることが期待できる。

　ポリマー製フォトニック結晶を用いたノイラミニダーゼの検出には，基質としてムチンを固定化することとした。固定化は，1mg/mlの濃度に調製したムチン溶液をポリマー製フォトニック結晶表面へ滴下し，物理的に吸着させた後，超純水にて余剰のムチンを洗浄・乾燥させることで固定化した。高濃度のムチン溶液を用いて固定化されたフォトニック結晶は，ホール内にもムチンが充填されることによりフォトニック結晶に起因する構造色が観察されなくなる。そこへノイラミニダーゼ溶液を滴下することでムチンが分解，フォトニック結晶表面よりムチンが遊離する。ムチンが分解・遊離することによってフォトニック結晶は固定化前の構造に復帰し，構造色が観察されるようになる。筆者らは反応前後の構造復帰によって観察される色彩（反射ピーク強度）変化からノイラミニダーゼ活性測定を行った。図2にムチン固定化フォトニック結晶表面へ異なる活性を有するノイラミニダーゼを滴下し，室温下にて10分間反応させた際の変化を，ファイバー型分光光度計を用いて測定した結果を示す。本実験では，反応前の反射ピーク強度から反応後の反射ピーク強度の変化率を算出することで評価を行った。反応前の反射ピーク強度をムチンで完全に被覆された状態として規格化し，反応後の反射ピーク強度変化から変化率を算出することで，ムチン固定化前の構造への復帰率として評価することも可能である。算出結果から変化率は酵素濃度（活性）に依存して変化することが観察された。しかし，ノイラミニダーゼによって固定化されたムチンが完全に分解されることはなく，幅広い濃度域を有するノイラミニダーゼを検出可能であることが明らかとなった。本実験結果より筆者らは，スマートフォンに搭載されているCMOSカメラを用い，「色強度変化」より酵素反応の検出を行うこととした。

1世代目
（検出部直径：3 mm）

2世代目
（検出部直径：8 mm）

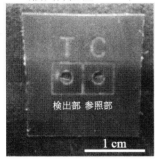

図3　酵素反応検出用ポリマー製フォトニック結晶外観写真

図4　測定系外観写真

8．4．2　CMOSカメラを用いた酵素反応の検出

　CMOSカメラを用いた酵素反応の検出に用いたポリマー製フォトニック結晶外観写真を図3に示す。本デバイスは，ポリマー製フォトニック結晶（厚さ：$100\,\mu$m）へ検出部・参照部・使用者記入部を描画したOHPフィルム（厚さ：$100\,\mu$m）をシリコーン系粘着剤両面テープで貼りあわせた構造を有する。本デバイスは，検出簡便性等を加味し，第2世代のデバイスまで試作を行っている。加えて本デバイスを用いた酵素反応検出に必要な試料量は，試料溶液の蒸発や滴下の簡便性，CMOSカメラの測定部認識性能を考慮して$50\,\mu$lとした。

　また，測定系外観写真を図4に示す。筆者らは市販のスマートフォンへ独自に開発したソフトウェアを導入し，検出部・参照部の画像撮影後，色彩を青緑赤に分け，それぞれ緑色強度を解

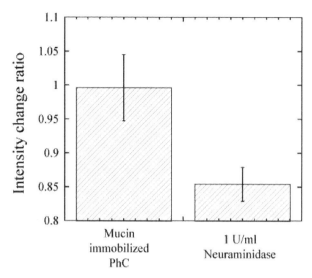

図5　CMOSカメラを用いた酵素反応検出結果

析，参照部・検出部の色強度変化率から酵素反応の検出を行うこととした。なお，ファイバー型分光光度計を用いた実験では，ムチン固定化前後の反射ピーク強度変化率から復帰率を算出してきたが，本デバイスの場合，参照部と検出部より観察される緑色強度比から変化率を算出することとした。

　作製したムチン固定化フォトニック結晶表面へ1U/mlのノイラミニダーゼ溶液を滴下，反応させた際の変化率を図5に示す。ノイラミニダーゼを滴下・反応させることで，変化を観察することができ，スマートフォンという簡易な装置でも酵素反応を検出することに成功した。しかし，スマートフォンに搭載されているCMOSカメラの性能がそれぞれ異なることが予想され，今後は異なるCMOSカメラにおいても同様の結果が得られるように規格化を行う必要がある。

8.5　おわりに

　簡便・安価にナノ光学デバイスを作製，応用する技術である「プリンタブルフォトニクス」は，バイオセンシングデバイス応用に限らず，幅広い応用展開が期待できる。また，バイオセンシングデバイスへIoTを導入するには，スマートフォンは有用なツールとなりうる。特に我が国においてスマートフォン・携帯電話の普及率は高く，簡便に操作が可能であり，画像撮影・電子メール送信・インターネット接続等多機能である。これらの特徴から，スマートフォンを一つの計測装置として利用可能なバイオセンシングデバイスは，IoT導入が容易となるほか，デバイス・ソフトウェア開発を通じた産業発展も視野に入れた技術であることから，将来的に，多くの研究機関，企業が参入することが期待できる。

謝辞

　本研究の成果は，科学研究費補助金，研究成果最適展開支援プログラム（A-STEP），の支援によって得られたものである。加えて，本研究は，ケイレックス・テクノロジー㈱，SCIVAX㈱のご指導・ご協力のもと得られた成果である。ここに感謝の意を表する。

文　　　献

1)　総務省，平成27年度版　情報通信白書

2)　厚生労働省，産業競争力会議　第35回実行実現点検会合　資料3「医療等分野におけるICT化の徹底について」

3)　S. Amendola *et al.*, *IEEE IoT J.*, **1**, 144（2014）

4)　M. Campbell *et al.*, *Nature*, **404**, 53（2000）

5)　E. Yablonovitch *et al.*, *Phys. Rev. Lett.*, **67**, 2295（1991）

6)　Z. Zalevsky, *J. Nanophoton.*, **1**, 012504（2007）

7)　M. Ohtsu *et al.*, *IEEE JOURNAL OF SELECTED TOPICS IN QUANTUM ELECTRONICS*, **8**, 839（2002）

8)　T. Baba, *Nature Photonics*, **2**, 465（2008）

9)　K. M. Mayer, J. H. Hafner, *Chem. Rev.*, **111**, 3828（2011）

10)　J. Tersoff, C. Teichert, M. G. Lagally, *Phys. Rev. Lett.*, **76**, 1675（1996）

11)　T. Endo, Y. Yanagida, T. Hatsuzawa, *Measurement*, **41**, 1045（2008）

12)　T. Endo, H. Takizawa, Y. Imai, Y. Yanagida, T. Hatsuzawa, *Appl. Surf. Sci.*, **257**, 2560（2011）

13)　T. Endo, S. Yamamura, K. Kerman, E. Tamiya, *Anal. Chim. Acta*, **614**, 182（2008）

14)　T. Endo, K. Kerman, N. Nagatani, E. Tamiya, *J. Phys. Condensed Matt.*, **19**, 215201（2007）

15)　T. Endo *et al.*, *Anal. Chem.*, **78**, 6465（2006）

16)　T. Endo, K. Kerman, N. Nagatani, Y. Takamura, E. Tamiya, *Anal. Chem.*, **77**, 6976（2005）

17)　H. M. Hiep *et al.*, *Anal. Chem.*, **80**, 1859（2008）

18)　S. Aki, T. Endo, K. Sueyoshi, H. Hisamoto, *Anal. Chem.*, **86**, 11986（2014）

19)　W. Hashimoto, T. Endo, K. Sueyoshi, H. Hisamoto, *Chem. Lett.*, **43**, 1728（2014）

20)　T. Endo, K. Yamamoto, K. Sueyoshi, H. Hisamoto, *Sens. Mater.*, **27**, 425（2015）

21)　K. Maeno, S. Aki, K. Sueyoshi, H. Hisamoto, T. Endo, *Anal. Sci.*, **32**, 117（2016）

22)　T. Endo, H. Kajita, Y. Kawaguchi, T. Kosaka, T. Himi, *Biotechnol. J.*, **11**, 831（2016）

23)　A. E. Grigorescu, C. W. Hagan, *Nanotechnology*, **20**, 292001（2009）

24)　F. Watt, A. A. Bettiol, J. A. Van Kan, E. J. Teo, M. B. H. Breese, *Int. J. Nanosci.*, **4**, 269（2005）

25)　X. Li, T. Abe, M. Esashi, *Sens. Actuator. A: Phys.*, **87**, 139（2001）

26)　遠藤達郎ほか，電学論E，**130**，450（2010）

27)　S. Y. Chou, P. R. Krauss, P. J. Renstrom, *Appl. Phys. Rev.*, **67**, 3114（1995）

28)　Z. Yu, H. Gao, W. Wu, S. Y. Chou, *J. Vac. Sci. Technol. B*, **21**, 2874（2003）

9　ストレスセンシング

脇田慎一[*]

9.1　はじめに

　WHO（World Health Organization；世界保健機構）は，2030年には，ストレスが原因となるうつ病が世界第1位の疾病負荷になると報告している[1]。また，我が国では，2015年12月から，国連の勧告を受けて，過労死対策として産業ストレスチェックが実施されるなど，ストレスセンシングが注目されている。

　IoT（Internet of Things；モノのインターネット）は，様々なモノがインターネットに繋がり，モノの情報に基づき制御する仕組みであり，産業のみならずヒトの生活など社会に大きな影響を及ぼす概念である。その実現のキーテクノロジーの一つがセンシング技術である。従って，ストレスを測るバイオ・化学センシングデバイスがインターネットに繋がる必要がある。

　バイオ・化学センシングデバイスの利用形態としては，①病院やクリニックのみならず，家庭，会社，学校やコンビニエンスストアなどでの計測・診断などでインターネットに繋がるPOCT（Point of Care Testing；ポイント・オブ・ケア・テスティング）がある。ここではデジタルPOCTと呼ぶ。もう一つは，②フィットネストラッカーのように身につけてその場で分析計測するセンシングデバイスでスマートフォンなどを介してインターネットに繋がるモバイルヘルスがある。ここでは，ストレスを測る基礎となるストレス学説を簡単に概説し，デジタルPOCTとモバイルヘルスに分けて[2]，IoTを指向するストレスセンシングデバイス技術を紹介する。

9.2　ストレス学説とストレスマーカー計測の課題

　ストレスはそもそも感覚的なものであるが，セリエによりストレス学説が提唱され[3]，図1に示すように，自律神経系，内分泌系，免疫系のストレス応答が脳科学的に体系化された。おもなストレス関連研究対象物質を表1にまとめた。分子生物学の進展により脳神経科学的な解明が進んでいる。例えば，ストレスに起因するうつ病の治療薬に用いられるプロザック[®]は，典型的なSSRI（Selective Serotonin Reuptake Inhibitors；選択的セロトニン再取り込み阻害薬）に分類され，作用機序が明確な抗うつ薬である。

　一方，ストレスやうつ病などの精神疾患の診断には，精神科医や心療内科医により，DSM-5（精神疾患の診断・統計マニュアル第5版）や経験に基づく問診により行われる。糖尿病のように血液検査はしない。糖尿病診断では，血液中のバイオマーカー（科学的に実証された指標）である血中グルコース濃度の数値が診断補助に用いられている。

　最も理想的なストレス診断補助技術は，脳内ストレス関連神経伝達物質の非侵襲バイオセンシング法であるが，開発は困難を極める。ストレス学説の自律神経系，内分泌系ストレス応答で

＊　Shin-ichi Wakida　㈱産業技術総合研究所　バイオメディカル研究部門
　　　　　　　総括研究主幹

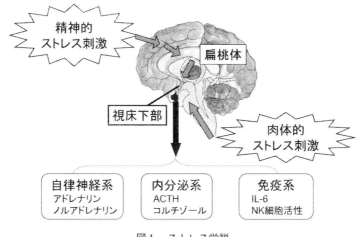

図1　ストレス学説

表1　おもなストレス研究対象物質

研究対象物質	対象試料	機能・指標
アドレナリン	血液	ストレスホルモン（自律神経系）
ノルアドレナリン	血液	ストレスホルモン（自律神経系）
ACTH	血液	ストレスホルモン（内分泌系）
コルチゾール	唾液，血液	ストレスホルモン（内分泌系）
免疫グロブリン	唾液，血液	免疫タンパク（免疫系）
NK細胞活性	血液	リンパ球（免疫系）
インターロイキン6	血液	サイトカイン（免疫系）
クロモグラニンA	唾液	共分泌タンパク（自律神経系相当）
唾液アミラーゼ活性	唾液	分泌タンパク（自律神経系相当）
NO代謝物（硝酸イオン）	唾液，血液	血管ずり応力産生（自律神経系相当）

は，下垂体を経て，血液中にノルアドレナリンやコルチゾールなどが内分泌される。従って，応答機序に裏付けされた，これらの物質を分析計測すれば，原理的にストレス計測評価が可能である。しかしながら，特に，健常者を対象者とした場合，採血行為は侵襲的なストレス刺激であることから，健常者のストレスを分析しているのか採血ストレスを分析しているのか，本質的な矛盾がある。我々は，表1に示す試料採取にストレス負荷とならない，血液由来である唾液試料に着目したストレス関連物質の簡便迅速センシングデバイスの研究開発を行っている[4]。

9.3　ストレスセンシング用バイオ・化学センシングデバイス技術

前述したように，IoTを指向したストレス計測デバイスはデジタルPOCTとモバイルヘルスが有力である。デジタルPOCT開発の鍵となるセンシングデバイス技術は，分析機器の小型化への

鍵となる技術はマイクロ流体デバイス技術である。モバイルヘルス開発の鍵となるセンシングデバイス技術は生体センサー，バイオセンサー技術である。ここでは，紙面の都合もあり，ストレスセンシング用マイクロ流体デバイス技術とバイオセンサー技術に絞って紹介することとする。

　マイクロ流体デバイスは，1980年代のガスクロマトグラフィーや1990年代のキャピラリー電気泳動のオンチップ化に始まり，分析装置の小型化を実現する技術である。μTAS（Micro Total Analysis System；微小全分析システム）とも呼ばれる。黎明期はシリコン基板が利用され，異方性エッチングなど高度な半導体微細加工技術，いわゆるMEMS（Micro Electro Mechanical System；微小電気機械システム）技術が利用された。デバイス材料には，シリコン，ガラス，プラスチックが利用され，近年では，紙やフィルムを使ったペーパーマイクロ流体デバイスの研究開発が展開されている。

　バイオセンサーは，1960年代の酵素電極に始まり，1970年代のMEMS技術を利用してシリコン基板を用いた小型FET（Field-Effect Transistor；電界効果トランジスター）バイオセンサーの研究開発が行われた。近年では，印刷エレクトロニクス技術を用いた新規バイオセンサーの萌芽的な研究開発が緒についたところである。どちらの技術も，次世代DNAシーケンサーの鍵となるバイオチップであり，Illumina[R]フローセルや半導体シーケンサーIon Proton[R]として，最先端の理化学機器として実用化され，広く利用されている[5]。

9.4　ストレスセンシング用マイクロ流体デバイス技術

　ここでは，紙面の都合もあり，生体試料中のNO代謝物（硝酸，亜硝酸イオン）の迅速分離デバイス技術を紹介する。他のストレス関連物質，唾液コルチゾール，唾液イムノグロブリンAのマイクロ流体デバイス技術は他の論文を参考にしていただければ幸いである[6]。

　対象物質の一酸化窒素（NO）は，ガス状のラジカル物質であり，血管弛緩因子など多彩な生理機能を有している。血管内皮細胞に存在するNOS（Nitric Oxide Synthase；一酸化窒素合成酵素）は，血流由来のずり応力の変化に敏感に細胞応答を起こすことにより，NOを産生しシグナル伝達により，血管平滑筋を弛緩することが明らかにされている。すなわち，運動負荷による血圧制御や緊張時の末梢血管の虚血再還流の制御に関わることが知られている[4]。また，体液中のNOは，速やかにNO代謝物である硝酸イオンと亜硝酸イオンに分解される。

　自律神経系ストレス応答は，循環器系の制御に関わることから，血流ずり応力変化由来のNO産生量と相関性を持つことが期待される。高橋らは，トレッドミルを用いたBruceプロトコルに基づく運動負荷時の血液成分変動を調べた[7]。その結果，運動ストレス負荷をかけることにより，血圧や脈拍数の上昇と相関して，予想通り，自律神経系ストレスホルモンである血液中のノルアドレナリン濃度が上昇し，それ以上に早いレスポンスでNO産生量を反映したNO代謝物である硝酸イオン濃度が上昇し，ノルアドレナリン濃度より高い相関性を持つ結果を報告した[7]。

　唾液は血液由来であり，血液成分は唾液腺を介して外分泌される。また，代謝物などの低分子量の生体成分は血液濃度と唾液濃度に高い相関性を持つことが多いことから[4]，唾液中のNO代

謝物（硝酸，亜硝酸イオン）計測用の分離分析チップの研究開発を行った。

9.4.1　唾液NO代謝物分離アッセイ用マイクロ流体デバイスの開発

現在，NO産生量を測るアッセイ法はGriess法と呼ばれる比色分析キットが実用化されている。しかしながら，代謝物である硝酸イオンと亜硝酸イオンの合量測定に約3時間を要し，その場計測などデジタルPOCT化に不向きである。

そこで，迅速アッセイを実現するために，硝酸イオン，亜硝酸イオンが紫外（UV）吸収を持つことに着目し，僅かな物性差をキャピラリー電気泳動法により高性能分離検出する高精度分離アッセイ法を開発し，さらに，オンチップ上に実現することを考えた。UV領域では多量に存在する塩化物イオンピークの妨害，生体試料中に存在する夾雑物質の試料導入・分離チャネル内壁への吸着抑制が技術課題となる。そこで，①UV検出が可能な石英ガラスチップを用いて，②NO代謝物である硝酸，亜硝酸イオンの同時分離，③高度流体制御による分離条件の開発と④試料濃縮機能のオンチップ化を検討した。

まず，硝酸，亜硝酸イオンの電気泳動分離に用いる，人工血清類似の新規泳動緩衝溶液を開発した[8]。本泳動溶液を用いることにより，塩化物イオンピークの除去のみならずシステムピークの抑制を実現した。また，内壁の電荷をコーティング制御し電気浸透流の積極的な制御により，オンチップ電気泳動分離では，高分離モードを用いることにより，ヒト唾液中のNO代謝物成分の高精度完全分離アッセイ，即ち，分離チャネルへ10倍希釈試料導入後，約15秒で完全分離を達成した[9]。さらに，開発難易度の高い血清中の硝酸，亜硝酸イオンの検出を目標に電気泳動原理を利用するオンチップ濃縮を開発した。両性電解質を利用した生体試料中の夾雑物質のチャネル内壁への吸着抑制効果を検討し，試料導入後，血漿中のNO代謝物の6.5秒の迅速分離アッセイを達成した[10]。

9.4.2　唾液NO代謝物分離アッセイの実唾液による実証研究

実唾液試料への標準溶液添加検量線は良好な直線性が得られ，硝酸，亜硝酸イオンのピーク高さと面積の標準偏差%は10%以下であった。図2に示すように，新鮮唾液では，NO代謝物である亜硝酸イオン濃度は硝酸イオン濃度と比較して二桁以上低いことが分かった。さらに300名規模の同一エルゴメーター利用運動タスクの被験者試料から，高運動強度グループと低運動グループから抽出した唾液試料（n＝10）を用いて，唾液中のNO代謝物量と各種運動パラメータを予備検討したところ，図3に示すように，唾液NO代謝物量と循環器系パラメータとの間に相関性が得られた[4]。

9.5　ストレスセンシング用マイクロバイオセンサー技術

健常者の新鮮唾液では，唾液NO代謝物は硝酸イオン濃度が亜硝酸イオン濃度に比較して桁違いに高いので，現場で簡単に硝酸イオンが測定可能なFET型バイオセンサーの開発を行った。本センサーはイオン選択性電界効果トランジスター（ISFET）と呼ばれる半導体作製技術を用いた超小型イオンセンサーである[11]。1滴の全唾液（無希釈の唾液）をセンサー部に滴下して，

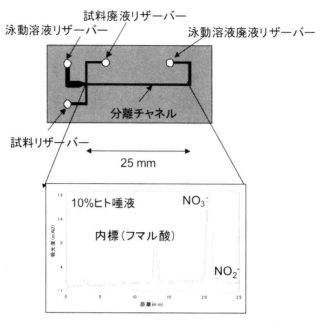

図2　10%ヒト唾液試料の15秒分離アッセイ例[9]

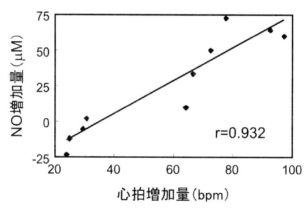

図3　エルゴメーター運動負荷時の唾液NO代謝物濃度変化と心拍数変化[4]

数秒静置するだけで硝酸イオン濃度を計測できるマイクロバイオセンサーを開発した。

9.5.1　ストレスセンシング用マイクロバイオセンサーの開発

　開発のポイントは，銅フェナントロリン錯体硝酸塩系のイオンチャネル系人工リセプタ（チャージドイオノフォア）を材料設計し，新規硝酸イオン検知材料の合成・精製を行って得た。さらに，センサー膜材料にポリ塩化ビニル（PVC）カルボン酸誘導体を用いて，唾液中の糖タンパク質であるムチンなどの吸着抑制を検討した。

　健常者の全唾液試料を用いて，電子体温計大のFET硝酸イオンチェッカプロトタイプとイオンクロマトグラフを用いて測定した結果を図4に示す。従来の高分子材料であるPVCと比較して，より良好な相関性を得ることができた[4]。現在，作製したマイクロバイオセンサーの電子体温計型プロトタイプの実証試験も兼ねて，緊張被験者実験を実施中である。詳細は共著の報告を参照いただきたい[12]。

9.6　ウエアラブルバイオセンサー技術

　近年，ウエアラブルなバイオセンサーが相継いで報告され，高い注目を集めている[13]。汗や涙や唾液などの非侵襲生体試料が対象である。その中から，皮膚に貼り付けるタイプのウエアラブルバイオセンサーの研究例を図5に紹介する[14]。対象物質は汗成分中のナトリウム，カリウム，塩化物イオンの電解質，さらに，乳酸やグルコースの有機物が対象である。さらに，健常者による運動被験者実証実験の測定結果も併せて報告している[14]。本研究の課題は，極微小量しか採取できない汗成分に関して，汗科学の学問的な理解が進んでいないことである[13]。

9.6.1　ストレスセンシング用ウエアラブルバイオセンサー

　DARPA（Defense Advanced Research Projects Agency；米国国防高等研究計画局）は，2015年から5年間で米国防総省が7500万ドルを拠出し（日本円で約75億円），官民で1億7100万ドルを投じて，空軍研究所内にNext Flex研究所（America's flexible hybrid electronics manufacturing institute）を設立し，兵士の生体反応を検知するウエアラブルなバイオセンサーシステムなどを開発する大型プロジェクトを発足させた。具体的には，印刷エレクトロニクス技術により，フレキシブルでベンダブルなIoT用電子センサーの開発を目指し，新技術の主導権争いに挑むことを目的とした。ERATO染谷生体調和エレクトロニクスプロジェクトやNEDO次世代プリンテッド

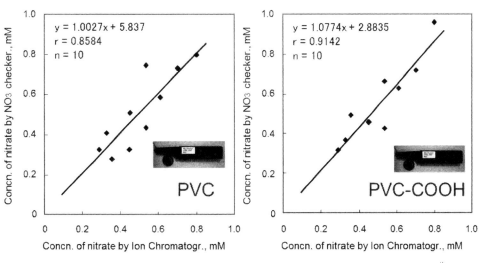

図4　FET硝酸イオンチェッカによる全唾液1滴測定値とイオンクロマトグラフ測定値[4]

エレクトロニクス材料・プロセス基盤技術開発を意識したプロジェクトであると思われる。本プロジェクトの特徴は，印刷エレクトロニクス技術のみでなく，通常のシリコン技術を併用した，フレキシブル・ハイブリッド・エレクトロニクス（Flexible Hybrid Electronics；FHE）と呼ばれるHybrid構造が目標である。Gaoらが報告したウエアラブルバイオセンサー（図5）は典型的なFHEシステムである。

　我々は，2013年度からCOI-STREAM「個人ニーズ未来ものづくりで健康・感性文化豊かな生活を目指すフロンティア有機システムイノベーション拠点」のオープンイノベーションプロジェクトの中で，ストレス／快適性を目指すウエアラブル型バイオセンサーシステムを目指して，有機生体センサーと有機無線タグ（RFID）を融合し，ウエアラブル有機生体センサーなどを実現するスマート有機システムチップの開発を目指して，ウエアラブルバイオセンサーシステムの鍵となるOFETバイオセンサーの研究を進めている。スマート有機システムチップの特徴は，①超軽量，超薄型，②フレキシブル，ストレッチャブル，③印刷法による多品種・少量製造が可能であることである。

9.6.2　有機トランジスター型FETバイオセンサーの研究

　有機半導体を用いたトランジスターは，従来のシリコン基板などの無機半導体を用いたトランジスターと比較して，インクジェットなどの塗布成膜や低温処理が可能なことから，プラスチックや紙などのフレキシブルな基板上に有機トランジスター素子を作製することが特長である。作製プロセスは比較的シンプルであり，例えば，インクジェット法のみで有機トランジスターを作

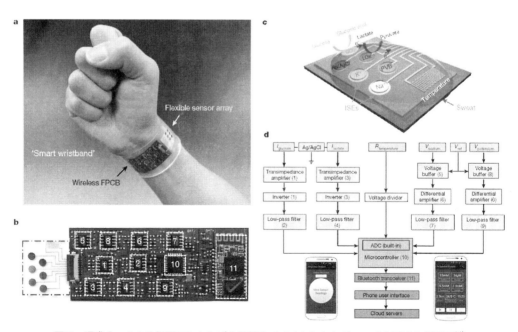

図5　汗成分マルチ分析用フレキシブル集積化バイオセンシングアレイの写真と概略図[14)]

製する研究がされている。従って，現在注目されているディスプレイ，太陽電池やRF-IDなどの有機トランジスター回路は，軽量かつ柔軟性に富み，印刷技術を利用することにより，低コスト，大面積化を実現することが可能である。有機トランジスター固有の耐湿性の課題や10〜100 Vの高電圧駆動に課題を有していながら，その優れた特長により，生体に装着しても違和感が少ないことが期待されることから，ウエアラブルな生体センサーの活発な開発[15] が行われている。さらに，ウエアラブルなバイオセンサーを目指した有機トランジスターを用いたFET型（OFET）バイオセンサーの基礎研究が行われている[16]。しかしながら，そのほとんどのOFETバイオセンサーは応答再現性に乏しく寿命が短い大きな欠点があった。研究報告の多くは，有機半導体層の直上に分子認識層を設けた構造であり，有機トランジスターの耐水性の課題克服ができていないことのみならず，比較電極を使わない電気化学の初歩的な間違いも多く散見される。

　我々は，応答再現性や分析精度の高い，高信頼性のOFETバイオセンサーのプラットフォームを開発した。図6に従来型のOFETバイオセンサーの構造と延長ゲート型OFETバイオセンサーの構造の違いを示す。以前から報告されているシリコン基板から作製したトップゲート型の延長ゲート型FETバイオセンサー構造でなく[17]，印刷エレクトロニクスの作製プロセスを勘案してボトムゲート構造を利用した延長ゲート型OFETバイオセンサープラットフォームを構築した[18]。構造上の特長は有機半導体層と分子認識層を完全に分離させたことである。本プラットフォームにより，有機トランジスターの耐湿性の技術課題を克服することができた。さらに，絶縁層に酸化アルミナと有機ホスホン酸誘導体系SAM（Self-Assembled Membrane；自己組織化膜）を用いることにより数V以下の低電圧駆動を実現した。

9.6.3　有機トランジスター型FETストレスマーカーセンサーの基礎研究

　我々は，延長ゲート型OFETバイオセンサープラットフォームを利用して，非侵襲生体試料でストレス研究対象物質である，唾液イムノグロブリンA[19]，唾液硝酸イオン[20]，唾液クロモグロブリンAなどを測定対象としたOFETバイオセンサーの基礎研究を展開している。ここでは，その中から，唾液イムノグロブリンA（IgA）計測用OFETバイオセンサーの研究概要を紹介する。

　図7にゲート電極上に抗IgA抗体の固定化スキームを示した。延長ゲート電極には金を利用した。金電極は緻密なSAM膜を形成することから，アルカンチオール誘導体系SAM膜材料を選び，

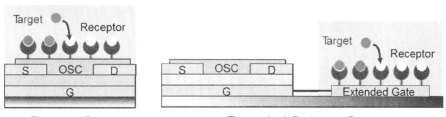

図6　従来型のOFETバイオセンサー構造と延長ゲート型OFETバイオセンサー構造

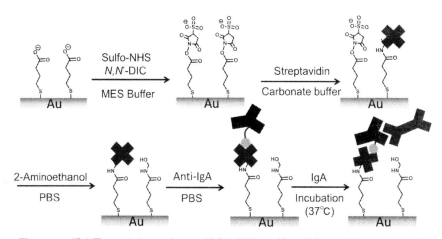

図7　SAM膜を用いアビジン－ビオチン結合を利用した抗IgA抗体の金電極上への固定化

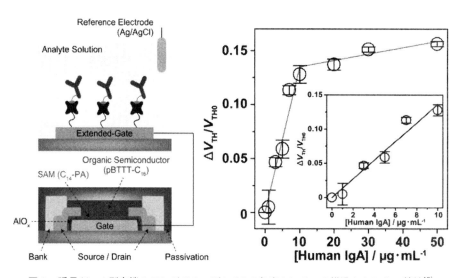

図8　延長ゲート型有機トランジスター型ヒトIgA免疫センサーの構造とセンサー特性[19]

　ビオチン－アビジン結合を利用することにより抗IgA抗体を固定化した。その際，比較的短いアルキル鎖長のアルカンチオール誘導体により2量体構造のIgA抗原の抗体反応を精密制御することができた。

　図8に，作製した延長ゲート型有機トランジスター型ヒトIgA免疫センサーの構造とセンサー特性を示す。OFET部は完全に撥水性の高いCytop®パッシベーション膜で防湿・防水されている。比較電極である銀／塩化銀電極と抗IgA抗体が固定化された延長ゲート金電極を標準溶液に浸漬することにより，IgA抗原抗体結合に生じた電位変化を，OFETのゲート・ソース間電圧閾値の比を読み取ることにより，ロット間再現性の良いセンサー特性を得た。また，アミラーゼな

どの反応交差性もなく良好な選択性を得ることができた。

9.7　終わりに

　IoTを指向するバイオセンシングデバイス技術の例として，デジタルPOCTとモバイルヘルスに関するストレスセンシングデバイス技術を紹介した。ペーパーマイクロ流体デバイスや有機トランジスター型バイオセンサーなどの研究開発が進展することにより，生体に装着しやすい，軽量かつフレキシブルなフィルムや紙を利用することにより，IoTバイオセンサー・バイオチップが実現すると考えられる。遠くない将来，両者の技術を融合したペーパーエレクトロニクスを用いたプリンテッドバイオチップが，ユビキタスヘルスケア社会の基幹技術に成熟することを期待している。

文　　　　献

1)　WHO, Depression, A global Crisis（2012）
2)　脇田慎一，テクノロジー・ロードマップ2016-2025全産業編，POCT，158，日経BP（2015）
3)　H. Selye, *Nature*, **138**, 32（1936）
4)　脇田慎一，ストレス科学，**30**，276（2016）
5)　脇田慎一，ヘルスケアを支えるバイオ計測，217，シーエムシー出版（2016）
6)　脇田慎一，田中喜秀，永井秀典，日薬理誌，**141**，296（2013）
7)　高橋伯夫，原克子，臨床病理，**51**，133（2003）
8)　宮道隆，脇田慎一，臨床検査，**49**，1011（2005）
9)　脇田慎一，田中喜秀，永井秀典，宮道隆，*Chemical Sensors*，**24**，132（2008）
10)　S. Wakida *et al.*, *ECS Trans.*, **50**, 165（2012）
11)　脇田慎一，電気学会論文誌E，**135**，287（2015）
12)　K. Kitamura *et al.*, *Proc. 2013 IEEE 2nd Global Conf. on Consumer Electronics*, **427**（2013）
13)　J. Heikenfeld, *Nature*, **529**, 475（2016）
14)　W. Gao *et al.*, *Nature*, **529**, 509（2016）
15)　関谷毅，バイオインダストリー，**32**，19（2015）
16)　L. Torsi *et al.*, *Chem. Soc. Rev.*, **42**, 8612（2013）
17)　J. van der Spiegel *et al.*, *Sens. Actuators*, **4**, 291（1983）
18)　T. Minamiki *et al.*, *Appl. Phys. Lett.*, **104**, 243703（2014）
19)　T. Minamiki *et al.*, *Anal. Sci.*, **31**, 725（2015）
20)　T. Minami *et al.*, *Biosens. Bioelectron.*, **81**, 87（2016）

10 IoT／体外診断デバイスに向けた半導体バイオセンサの可能性

坂田利弥*

10.1 はじめに

　糖尿病を診断する自己血糖測定器（Self Monitoring Blood Glucose；SMBG）など，体外診断用デバイスは，自宅でも個人レベルで使用することができる。一方で，このような自己管理デバイスは，低価格でハンディである利点はあるものの，膨大な日々の測定データを個人により管理しなければならず，煩雑で手間のかかる作業が必要となる。そのため，体外診断用デバイスにおいて，それ自体インターネット機能を有し，かかりつけの医師がその測定データをインターネットにより受け取り管理することができれば，患者自身の負担を軽減するだけでなく診断結果に応じて医師が早急に対応することも可能となる。すなわち，体外診断用デバイス自体がInternet of Things（IoT）として応用されることが今後の診断医療にとって重要となる。実際，ヨーロッパではIoT機能を持つSMBGが認可され，糖尿病患者の血糖を効率よく管理し，糖尿病の進行を抑制するとして期待されている。一方で，日本国内では，インフォームド・コンセントをどのように考えるか，個人情報をインターネットを介して送信することからその取扱いをどうするか，については今後も議論していかなければならない。同時に，体外診断用デバイスには，生体の測定対象を簡便に計測するバイオセンサが内蔵され，その研究開発は今後のIoTへの展開に不可欠となる。

　バイオセンシング技術は，様々な生体関連物質やその認識反応を計測するバイオセンサからなり，大きく「検出デバイス」，「シグナル変換界面」，「ターゲット」の3つの要素から構成される（図1）。「検出デバイス」は，様々な生体機能に関わる認識反応を検出する計測原理に相当する部分であり，質量，電荷，屈折率，熱量，粘弾性など様々なバイオパラメータを計測することができる[1~4]。特に，半導体技術を応用した半導体バイオセンサは，生体分子・イオンの電荷を直接検出し，センサの小型化・多機能化だけでなく，電子機器としてIoTへの展開を実現する体外診断用のバイオセンシング技術としてその応用が期待される。

　「シグナル変換界面」は，生体関連物質の何を，どういった反応を，特異的・選択的に計測できるかを決める要素となる。例えば，半導体バイオセンサでは，同じ1価の正電荷である水素イオンとナトリウムイオンを区別して計測するために，水素イオンでは溶液下における酸化物表面特有の水酸基によりpHに応じた水素イオンとの平衡反応に基づく特異反応を利用する。一方，ナトリウムイオンを選択的に捕獲するクラウンエーテルを化学的にセンサ表面に固定化することにより，選択性を有するイオンセンサへと応用することができる。

　「ターゲット」は，様々な生体機能に対応し，バイオセンサがどういった応用先を狙って設計・作製されたかを最も具体的に示す部分である。すなわち，この応用先が不明確なままデバイス設計が成されても，高性能デバイスが応用されずその価値を失うことになる。

＊　Toshiya Sakata　東京大学　大学院工学系研究科　マテリアル工学専攻　准教授

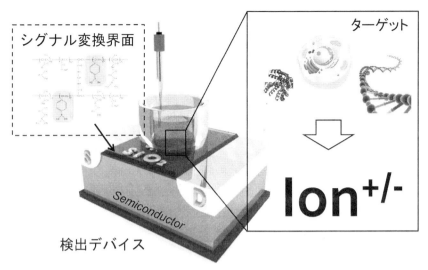

図1　バイオセンシングデバイスの3要素
（生体機能（ターゲット）／シグナル変換界面／検出デバイス）

　本稿では，体外診断用デバイスのIoTへの応用を見据え，その根幹ともなるバイオセンシング技術として，生体機能を分子・イオン固有の電荷の振舞として計測可能な半導体バオセンサの現状について紹介する。

10. 2　半導体バイオセンサの原理

　生体機能に関連した電荷を直接計測できる手段として，電界効果を基本原理とした半導体バイオセンシング技術がある。この方法の基本構造は電界効果型トランジスタ（Field Effect Transistor；FET）である。界面として絶縁膜，検出デバイスとして半導体を使用しており，ターゲットとなる生体分子・イオンを含む溶液は，絶縁膜により半導体と分離されている。絶縁膜表面に吸着した生体分子の電荷が半導体中の電子と薄い絶縁膜を挟んで静電的に相互作用し，絶縁膜直下の半導体表面（チャネル）の電子密度が変化，すなわちドレイン電流（I_D）が変化する。このI_D一定の条件下で絶縁膜表面の電位を読み取ることで生体分子の持つ固有の電荷や，細胞膜から放出されるイオンを非標識，非侵襲でリアルタイムに計測できる（図2）。さらに，半導体作製プロセスを用いることにより，1チップ上に素子を集積化することができることから，多機能・多項目サンプルを同時に計測可能な小型装置に仕上げることができる。

10. 3　半導体／バイオインターフェイス構造の理解・設計・応用（図3）

　生体機能計測における半導体バイオセンシング技術の高感度化・高精度化を実現するには，半導体／バイオインターフェイスの工夫，つまり「シグナル変換界面」の役割は重要である。ターゲットとなる細胞や生体分子など生体機能を電気特性としてトランジスタに効果的に伝えるため

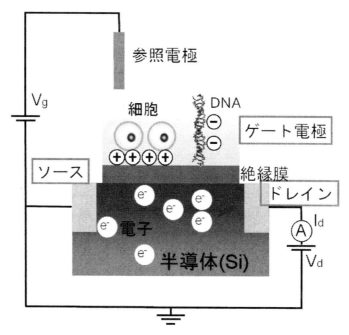

図2　半導体バイオセンサの検出原理

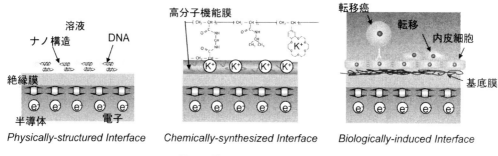

Physically-structured Interface　　Chemically-synthesized Interface　　Biologically-induced Interface

図3　種々のシグナル変換界面

には，バイオと半導体との界面を構造・物性・機能からきちんと制御する必要がある。そのため以下に示す物理的・化学的・生物学的3つの視点から界面制御を行う必要がある。

• Physically Structured Interface

　半導体／バイオインターフェイスにおけるゲート表面にナノ構造を配列し物理的に構造制御することにより半導体バイオセンシングデバイスの検出感度の向上が期待される。例えばゲート構造として，ナノピラー構造の配列や凹型ナノウェルゲート構造などが挙げられる。

• Chemically Synthesized Interface

　半導体／バイオインターフェイスにおけるゲート表面に化学合成した単分子膜や高分子膜を固

定化することにより，その機能発現により半導体バイオセンシングデバイスの検出感度や選択性の向上が期待される。

● Biologically Induced Interface

　半導体／バイオインターフェイスにおけるゲート表面にシグナル伝達用の細胞を培養し，様々なターゲットに対して，細胞自体がシグナル変換界面材料となる。これにより生体中で実際に発現している細胞間相互作用をデバイス上に実現することが可能となる。

　上記界面の理解を深めるためには実験的手法では限界がある。そのため，諸条件に合わせたシミュレーション技術により，これまで実験では得られなかった界面挙動を解析し予測する必要がある。

10.4　診断医療における半導体バイオセンサの可能性

　上記10.2および10.3項を踏まえ，我々が探索する半導体バイオセンサの応用例を以下に紹介する。

10.4.1　採血フリーグルコーストランジスタ

　現在，世界の糖尿病患者数は4億人ほどにまで達しており，日本国内においても1000万人ほどと深刻である[5]。糖尿病患者は日常生活において血糖値のコントロールを行うため，血糖値を自己測定しインスリン注入のタイミングを管理する必要がある。今のところ血糖値の測定にはグルコースオキシダーゼを利用した酵素電極法が広く用いられているが，血液の採取が必要であり侵襲的である，高価な酵素を利用するためコストがかかる，さらにリアルタイムでの継続的なモニタリングには不向きであるといった問題点がある。多くの糖尿病患者は非侵襲的な検査法を求めており，同時に低コストで簡便にリアルタイムモニタリング可能な技術のブレイクスルーが期待される。

　我々のこれまでの研究により，「検出デバイス」として半導体バイオセンサを用いて「シグナル変換界面」としてフェニルボロン酸膜を作製し，グルコースとの特異吸着により誘起される負電荷の変化を直接計測できることを明らかにしている（図4）。すなわち，これまでのグルコースセンサで使用されている酵素電極法とは異なり，酵素フリーで高感度なグルコーストランジスタとしてその可能性を見出している[6]。

10.4.2　酵素活性イオンセンシングに向けた一方向固定酵素ゲートトランジスタの創製

　近年，創薬，診断医療，食品，環境など多岐にわたる分野で，酵素，抗体などの分子識別機能を利用したバイオセンサの開発がなされている。酵素を基板上に固定化する際，活性部位と無関係に固定化させては，検出感度や反応部位の量的な制御が困難である。ここでは，酵素反応をセンサ基板上で効率的に計測可能な一方向固定酵素を「シグナル変換界面」として作製し，半導体バイオセンシングへの応用を紹介する。

　一方向固定酵素とは酵素本体の末端に基板と特異的に結合する5〜10残基ほどのペプチドからなるTagを設けたもので，Tagを変えることで様々な基板への特異的な固定化が可能である[7]。

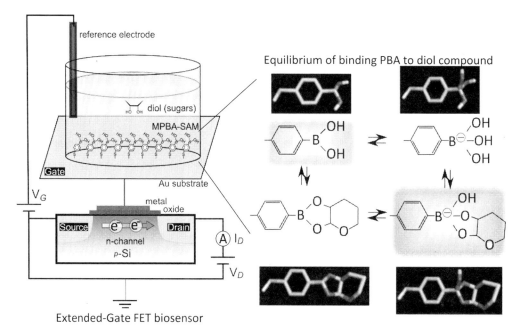

図4 半導体バイオセンサにおける糖認識界面

ここで用いるゲート電極を伸長したExtended-gate型FETは，そのゲート電極の材料や形状を自由に選択することができる。特にここでは，非毒性，生体適合性などの利点を有する最表面がTiO_2となるTi（/TiO_2）をゲート電極として用いた。一方，これまでファージディスプレイ法によりTiO_2と親和性の高いペプチドがRKLPDAのアミノ酸配列を有すことが明らかにされている。ここでは，RKLPDAのTag付きDNAポリメラーゼ（RKLPDA-Pol）を我々の研究グループにより新たに作製し，ゲート電極となるTi/TiO_2基板への一方向固定とその酵素機能の計測を行った（図5）。RKLPDA-Polの作製には，プラスミドDNAを用いた大腸菌の形質転換により行った。

　Extended-gate FETのゲート電極にTi/TiO_2を用い，作製したRKLPDA-Polの吸着特性の計測を試みた。その結果，異種配列Tag-Polでは見られなかった負電荷の吸着に起因した大きな電気的変化が確認された。この結果は，イオン固有の電荷に基づく非標識DNA伸長反応の計測，さらには非標識DNAシーケンシングへ応用される。

10.4.3　アレルギー診断に向けた半導体原理に基づくバイオセンシング技術

　アレルギー疾患は，日本では約2人に1人が罹患し，世界的にも患者数が増加している中で，その発症機構の解明が十分ではなく，患者が望む予防・診断・治療のための諸課題を解決する必要がある。なかでも，アレルギー診断を正確に行うためには，現在，患者から大量の採血を必要とするだけでなく，多項目を診断する必要があるなど長い診断期間を要す。そのため，低侵襲で簡便な評価手法が臨床現場や創薬などの研究現場で求められている。また，簡易診断キットは酵素を用い抗体の有無のみを評価するため正確性に欠けるという課題がある。ここでは，最も身近

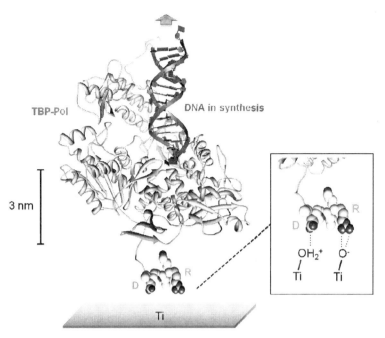

図5　DNAポリメラーゼ電極固定における配向制御法

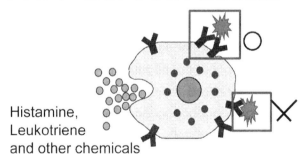

図6　肥満細胞表面でのアレルギー応答

な食物アレルギーや花粉症などの即時型アレルギーであるⅠ型アレルギーに着目した。特に，アレルギー反応を示す肥満細胞を「シグナル変換界面」として使用し，肥満細胞膜上での抗原－抗体反応を細胞による化学物質放出・呼吸量変化に対応させ，細胞／半導体ゲート絶縁膜界面におけるイオン濃度変化として検出する（図6）。これにより，半導体原理を基盤とした低侵襲・高スループット・高精度なアレルギー診断の可能性が見出される。

10.4.4　Molecular charge contact法による生体分子計測

　我々の研究グループは，生体分子固有の電荷に着目し，電界効果を基本原理とした半導体バイ

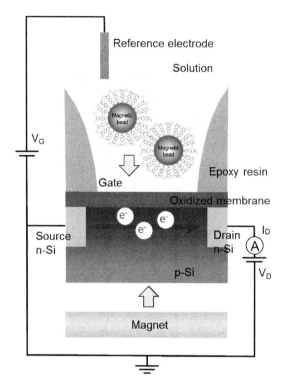

図7　半導体バイオセンサを用いたMolecular charge contact法の概略図

オセンシング技術による様々な生体機能計測の可能性について探索しているが，特に，DNA分子固有の電荷を利用することで，非標識でのDNAシーケンスが可能であることを実証している[8]。しかしながら，バルク溶液中のカウンターイオンによる遮蔽効果により，特にデバイ長を超える長塩基部分の計測が困難などの課題がある[9]。この課題を克服するため，磁性粒子表面でDNA分子認識反応を行い，これをFETのゲート表面（「シグナル変換界面」）に磁石により接着させることにより（Molecular charge contact（MCC）法），DNA分子の電荷をゲート表面近傍のデバイ長内に誘導することが可能となった[10]。さらに，抗原－抗体反応のように通常ゲート表面から離れた部分で反応を起こす電荷の検出をこのMCC法により簡便に検出可能となることを明らかにしている（図7）。このMCC法では，センサ部分の取替えが不要で，反応は溶液中を拡散する磁性粒子表面で行うことができるため反応効率がよく，半導体バイオセンサの課題となるデバイ長内での計測を実現する手法として期待される。

10. 4. 5　分子動力学シミュレーションによる半導体／バイオインターフェイス構造の解明

　現在，FETバイオセンサはDNA伸長反応[8,9]や抗原－抗体反応[11]などのセンシング，細胞の機能などの解明に応用が進められており，デバイスの正確性，拡張性などの性能改善が求められている。そのためには固相と液相と生体分子からなるバイオインターフェイス構造の理解が必要

であるが，現在までのFETバイオセンサにおける溶液構造の議論は生体分子の存在しない状態に限られており，生体分子，固相，液相が一体となったバイオインターフェイスとしての理解は進んでいない。またバイオインターフェイス構造を実験により明らかにすることは非常に困難である。したがって，生体分子の挙動と水，イオンの挙動を同時にシミュレートできる古典分子動力学法により，固液界面，さらにはバイオインターフェイスのダイナミクスについて理解する必要がある。

　現在のところ，NaCl水溶液とSiO_2による固液界面モデル，SiO_2表面にDNA分子を固定化した半導体／バイオインターフェイスモデル，さらにはDNA分子周囲のイオン挙動モデルを作成し，分子動力学計算を行っている。その結果，溶液／酸化物界面だけでなく生体分子周囲に形成されるイオン雰囲気場が半導体バイオセンサにおけるシグナル変化に大きな影響を及ぼすことが明らかとなった[12, 13]。

10.4.6　マルチバイオパラメータの同時計測技術

　環境中の化合物の同定や疾患に関連するバイオマーカーを分析する場合，いくつかの計測装置を使用する。酸化還元反応，pH変化，抗原−抗体反応，DNAハイブリダイゼーションなど様々な化学物質の認識反応が想定される。その際，ターゲットとなる化学物質は様々な物性を有する。例えば，分子量，分子構造，電荷量，電気容量，親疎水性など，同じ分子量のものでも電荷量が異なる場合や当然分子構造も様々である。このように，研究現場や医療現場において，特定の化学物質を特異的に検出するためには，そのターゲットの特徴に合わせた計測を何通りか想定し分析する必要がある。この時，物性を1つ1つ各機器で計測していくことになるが，特定しづらいターゲットほどその手間と時間を要することになる。すなわち，複数の物性を同時に計測可能となれば，各機器を別々に準備する必要もなく測定に要する時間も一度で済ませることができ，また使用するセンサや試薬などの消耗品も一度の使用で済むので手間とコストの削減になることは言うまでもない。また，同時計測が可能となれば，想定されていない物性値から新たなバイオマーカーの特性や発見が期待される。このように，生体関連物質に基づくいわば「バイオパラメータ」をマルチに同時計測する技術の開発は今後のIoTへの展開を考えた際にも重要となる[14]。

10.5　むすび

　本稿では，半導体原理を用いたバイオセンサとしての応用先について概説し，種々の体外診断への応用の可能性を述べた。生体の機能をイオンの動きとして考えることにより半導体原理を活用するが，機能特異的にデバイスを設計するには，生体と半導体の界面をいかに機能化・制御していくかが鍵となる。これらが一体となったとき，さらに様々な体外診断での活躍の場が広がると考えられる。さらには体外診断用デバイスに今後必要不可欠なIoTの応用が実現していくだろう。

文　　献

1) S. J. Updike and G. P. Hicks, *Nature*, **214**, 986-988（1967）

2) P. Bergveld, *IEEE Transactions on Biomedical Engineering*, 70（1970）

3) M. Rodahl *et al.*, *Faraday Discuss*, **107**, 229-246（1997）

4) J. Fritz *et al.*, *Science*, **288**, 6（2000）

5) 厚生労働省，国民栄養調査　糖尿病実態栄養調査（平成14年度，平成19年度）

6) T. Kajisa and T. Sakata, *ChemElectroChem*, **1**, 1647-1655（2014）

7) H. Nishida, T. Kajisa, Y. Miyazawa, Y. Tabuse, T. Yoda, H. Takeyama, H. Kambara and T. Sakata, *Langmuir*, **31**, 732-740（2015）

8) T. Sakata and Y. Miyahara, *Angewandte Chemie International Edition*, **45**, 2225（2006）

9) T. Sakata and Y. Miyahara, *Biosensors and Bioelectronics*, **22**, 1311-1316（2007）

10) Y. Miyazawa and T. Sakata, *European Biophysics Journal*, **43**, 217-225（2014）

11) T. Sakata, M. Ihara, I. Makino, Y. Miyahara and H. Ueda, *Analytical Chemistry*, **81**, 7532-7537（2009）

12) Y. Maekawa, Y. Shibuta, and T. Sakata, *Japanese Journal of Applied Physics*, **52**, 127001（2013）

13) Y. Maekawa, Y. Shibuta, and T. Sakata, *ChemElectroChem*, **1**, 1516-1524（2014）

14) T. Sakata and R. Fukuda, *Analytical Chemistry*, **85**, 5796-5800（2013）

11　指輪型精神性発汗計測デバイス

村上裕二*

11.1　はじめに

　ストレス社会と言われて久しい。ストレスは精神的・肉体的に人間の健康を脅かす大きな要因になっている。ストレスを軽減するためにはまずストレスを把握することが必要である。ウェアラブルデバイスを活用すればストレス指標についての長期的な見守りを低コストに実現できると期待できる。本稿ではこれらの背景を概説するとともに，著者らによる手掌部でのストレス指標である精神性発汗の日常的な連続計測に向けた取り組みを紹介する。

11.2　ストレス社会とストレスチェック制度

　現代日本の生活はストレスにさらされやすい。厚生労働省の調査[1]では約6割の労働者が強いストレスを感じながら就労していると報告されている。また年間の自殺者数が1998年に3万人を超え，近年減少が見られるものの，高水準で推移している。過度の，あるいは長期的なストレス暴露がストレス関連性精神疾患の誘因と懸念されている。

　2015年12月からストレスチェック制度が施行された。ストレスチェックとは，心理的な負担の程度を把握するための検査のことである。労働安全衛生法（第66条の10）の改正により，常勤労働者に対して医師，保健師らにより実施することが事業者に義務づけられた。厚生労働省令（労働安全衛生規則第52条の9）により，労働者の「心理的な負担の原因」「心理的な負担による心身の自覚症状」，および職場での「他の労働者による当該労働者への支援」について年1回検査されなければならないと定められている。ただし，この検査は指針や通達により，職業性ストレス簡易調査票での点数化で評価することが指導，推奨されている。これは自己記入式であり，試薬や計測機器，またはセンサ類などによる客観的手法を用いない。評価で選定された高ストレス者も医師による面接指導の対象となる。

　職場での診断を自己記入式のみに頼ることには懸念が示されている。2015年のドイツ民間機墜落事故では，急降下させた副操縦士が精神疾患について会社外で受診し，この社外医師による乗務禁止診断に従わなかった。この事例で顕著なように，労働者は自身の精神疾患が職場に知られることを不利益と感じがちであり，その事実を職場に伝えようとしない傾向にある。ストレスチェック制度は労働環境改善に主眼を置くもので，個人情報保護を厳しく指導し，個別精神疾患の発見を重視していない。自己記入式であるという問題に対しては面談の併用までしか指導されておらず，機械的，客観的指標が用いられない。またこれらのチェックは年1回程度であり，短期的，突発的な事態には対応できない。

* Yuji Murakami　豊橋技術科学大学　電気・電子情報工学系　准教授

11.3 ストレスとは

　ストレスという用語には様々な定義がある[2]。元来，心理的な意味で苦痛や苦悩を指し，あるいは物理の意味では応力を指す。精神的ストレスについては，より科学的な議論のため20世紀初頭にウォルターキャノンが，生理的な反応観察により生体の恒常性が崩れた状態をストレス状態，そこから回復する反応をストレス反応とすることを提唱した。とくに交感神経系の働きによる一連の応答を緊急反応として見出した。この応答には紅潮，心拍数上昇，発汗などがある。ストレスの原因としては身体的・物理的要因（寒冷，騒音など），化学的要因（低酸素，薬物など），生物的要因（感染など），心理的要因（不安，怒りなど）が挙げられる。

11.4 ストレス計測

　精神的ストレスや気分の変化の指標として精神性発汗が用いられることがある。人の分泌する汗は，温熱性発汗，味覚性発汗，精神性発汗の3種類に区別される。温熱性発汗は体温上昇時に体温を維持するため起こる全身からの発汗である。味覚性発汗は，味覚刺激時に主に顔面の汗腺から起こる発汗である。精神性発汗とは主に，恐怖・緊張・不安・怒り・興奮などの精神的ストレスを感じた際に，特に手掌や足裏から汗を分泌する現象である。外敵に遭遇したとき，急な移動で踏ん張れるように，手掌部と足の裏だけを少し湿らせると有利であるいう4つ足歩行時代の名残，とも推測されている。これは温熱性発汗とは異なり，体温調節などの役割は持たない。温熱性発汗では全身から分泌されるが，純粋な精神性発汗は手掌と足裏（指部分も含む）でのみ分泌される。

　精神性発汗の測定は発汗計を用いて行われており，生理学や各種疾患に関する基礎研究や心理・気分・情動などの評価などに応用されている。

　また，近年リストバンドや指輪，時計や服などにセンサを内蔵した装置であるウェアラブルデバイスが注目を集めている。特にヘルスケアの分野ではウェアラブルデバイスによって日常生活の様々な種類の多量のデータを長時間連続的に取得することができ，使用者の健康管理への応用が進められている。活動量や睡眠量など利用者自身の生活における行動データや，脈拍などの健康状態に関するデータを知ることで本人の健康管理に対する意識を高めることにつながる。また，そのウェアラブルデバイスからスマートフォンなどを経由してインターネット接続されてクラウドにパーソナルヘルスデータが蓄積され，利用者自身による簡便な確認や，医療機関など相互の連絡が可能になる。これらの情報をビッグデータ的に処理することで体調の変化を予兆や，より高次な情報獲得につなげることが可能となる。すでに健康状態の指標として脈拍や活動量を測定するウェアラブルデバイスがいくつかの会社から上市されている。

　一方，精神性発汗の測定において用いられる発汗計は，どれも装置を装着した被測定者に精神的ストレス負荷を与え，そのときの発汗の様子を測定するものである。しかし現在使われている発汗計はたいていが据え置き型であり，測定中の被験者は装置の場所に拘束されなければならない。このため装置を装着した被測定者は「装置をつけている」「測定されている」という意識を

強く持ち，精神性発汗に少なからず影響を及ぼすと考えられる。ウェアラブル型発汗計でも手掌の数平方センチメートルを超えるデバイスを固定して測定するため，測定される側の手で通常の作業はできない。このように，平常時における長時間連続測定を想定する発汗計は現在開発されていない。

　また，発汗計として連続してデータを取得するためには，分泌した汗を乾かすための機構が必要となる。既存の発汗計にはこれに気流を用いているものが多いが，これを実現するために空気ポンプとその空気を送るパイプが用いられる。従って被験者はポンプとパイプを装着した状態となり，日常的であるとはいえない環境での測定となってしまい，またこの構造を小型化するのは非常に困難である。従ってウェアラブルな装置で連続測定を行うためにはこれに代わる発汗による蒸れを防止する新たな構造が必要不可欠となる。

　なお，汗腺には主に，毛穴とつながっているアポクリン腺，毛穴ではないところに存在するエクリン腺の2つがある。アポクリン腺は毛穴とつながっているため，毛穴の多い場所に多く分布しているのに対し，エクリン腺は全身に分布しており特に掌や足の裏に多い[3]。前述した3つの発汗はすべてエクリン腺から分泌される。このエクリン腺はヒトの皮膚の最大付属物で，一個あたり$35\mu g$，個体差などで異なるが体全体でおよそ300万個あるといわれており，全身で約100gの重量となる[4]。体の中で最も汗腺が多い部位が指部分も含む手掌で，成人男性の平均手掌面積を$140\,cm^2$とすると[5]手掌の汗腺の個数は約5万2千個で，汗腺1個あたりの面積は約$0.26\,mm^2$となる。そのため，$10\times10\,mm^2$程度の面積のセンサであれば指部分も含む掌の発汗を計測できる。

　発汗の詳細観察について近年OCTを用いた手法が注目を集めている。OCT（Optical Coherence Tomography，光コヒーレンストモグラフィ）とは光干渉を利用した断層イメージング手法であり，表皮下1〜2mmの深さの生体構造を$10\mu m$オーダーの空間分解能でイメージングすることが可能な技術である。眼科の網膜診断を中心に様々な臨床分野で適用されている。これを手掌部に用いることで汗腺の縦断像，横断像を確認することができる。一度の撮影で5mm×5mmの範囲で深さは3mm程度と限られた範囲であるが，渦巻き状のエクリン腺に汗が蓄積される様子や吐出される様子をリアルタイムに汗腺ひとつひとつからの発汗の様子を断層動画として観察できる。汗腺や血管などの体温・血圧調整に関わる重要な微小器官の機能を解明できると期待されている[6]。しかしこれも据え置き型装置であり被験者拘束型の試験でしか利用できない。

11.5　指輪型デバイス

　以上のように精神性発汗は指の腹部側を含む手掌部で限定的に起こり，日常的な軽微な精神的ストレスに対して秒単位で応答するという特徴がある。発汗計の測定位置を手掌部としながらも形状および寸法を指輪程度とすれば，日常生活的な精神状態の見守りに寄与すると期待される（図1）。

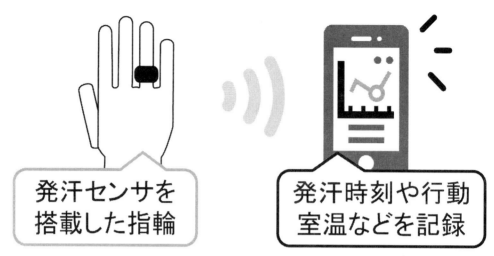

図1　指輪型ウェアラブルデバイスのIoT利用概念図

　ウェアラブルデバイスの中で現在市販されているものでは腕時計型やメガネ型，リストバンド型，貼り付け型，スポーツウェア型などがあるが，昨今のデバイス微小化によりさらに小型な指輪型が開発ターゲットになってきている。指輪は通常手の指の基節の付け根側に配置される。指輪幅は，結婚指輪であれば2.5 mmを平均に2 〜 5 mmであるが，幅広のデザインリングであれば基節の長さを超えない20 mm程度までのものがあり，日常的な活動への顕著な制約なしに装着可能である。また，指輪の手の甲側は使用者に行動制約を与えることのない寸法余裕が大きく，ボタン電池と無線回路の他，操作ボタン，センサ，パイロットランプなどの小型既製品を配置できる。一方で指輪の側部（隣接する指で挟まれる部分）と手掌側は，その厚さが腕時計型に比べれば小型化の要求水準が高まるが，すでに十分開発可能な域にあるといってよい。指輪型とする欠点としては，環境温湿度変化，皮膚温変動，手洗い時の水没，発汗による水分・塩分の影響，筋電位，激しい加速度変化や物理衝撃などを受ける過酷な環境となることが挙げられる。

　Bluetooth LE接続するスマートフォンをゲートウェイとして各種IoT展開を図ることができる。すでに脈拍計や指輪型ウェアラブルコンピューティング，ポインティングデバイスの試作機が各社から展示会出品される段階にあり，工場作業支援や電子決済，健康見守りなどの用途が検討されている。

　発汗計測を指輪型で実施する場合，発汗検出部は指輪の手掌側，厚さ1 mm程度内で，1×1 mm^{2}程度の点，1×10 mm^{2}程度の線，あるいは10×10 mm^{2}程度の面内で，指形状に追随するか，指表皮位置を追随させるように実装できることが好ましい。汗の測定にはいくつかの手法があるが，その中でもよく用いられているのが電極方式と湿度センサ方式がある。

　電極方式は2つの電極を皮膚に取り付け，局所的な生体インピーダンス変化を種々の周波数で計測する方式である。昔から嘘発見器などに用いられている。生体インピーダンスは導電性の電

解液である細胞内液や細胞外液と，絶縁性の極薄膜である細胞膜とで形成されるという抵抗とコンデンサのモデルで説明できる。皮膚のうち表面の層は乾燥しているため電気を通しにくいが，発汗すれば細胞膜を経ない経路が優位となり導電性が高まる。この方式は簡単な仕組みで測定可能であるが，発汗開始時を知ることはできるが発汗の経過を知ることには不向きであることが知られている。

　湿度センサ方式は電極方式とは異なり，電極が皮膚に接しないため人体に電流が流れることはない。また湿度の変化をみるため発汗開始時だけでなく，発汗の経過の様子も知ることができる。湿度センサにも様々な種類がある。電気抵抗式は湿度の変化に対しセンサ素子の電極間の電気抵抗が変化するもの。よく用いられているのが櫛形電極で，電極の上に感湿材料が塗布される。特徴としては，高分子容量方式よりも低コストで構造が簡単である。しかし湿度10%RH以下や90%RH以上の低湿・高湿の測定には不向きであり，温度依存性も高く補正が必要となる。また応答時間も長い。エアコンや加湿器，冷蔵庫など過酷な環境下でなく，それほど高精度を必要とされず低コストを重視される用途によく用いられる。高分子容量式は湿度の変化に対してセンサ素子の静電容量が変化するものである。センサ部は電極2枚の間に感湿材料が挟まれるようにしてコンデンサを形成する構造となる。特徴としては，0〜100%RHの環境で測定可能であり，精度・応答性もよく経年劣化も少ない。しかし電気抵抗式より高コストとなるため，クリーンルームや研究用，医療用など高精度・高応答性・耐久性が要求されるような工業計測の場面で多く用いられる。

11. 6　指輪型発汗計

　著者らもこのような発想のもと，指輪型ウェアラブルセンサの形式で精神性発汗を対象とする発汗計開発を進めている。現状は指輪型の保持具と湿度センサで構成されている（図2）。指の形に追随するフレキシブルなフィルム状の湿度センサを用いる。しかし単純にフィルム型とすると汗で蒸れてしまい，継続的な計測ができない。そこで脱湿経路を確保すべく，微細孔を多数付与することとした。フィルム型湿度センサの構造を図3に示す。基板となるPETフィルムと，

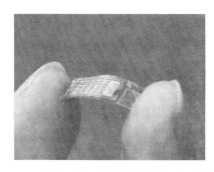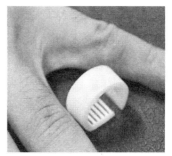

図2　フィルム型湿度計（左）と指輪型センサ保持デバイス（右）

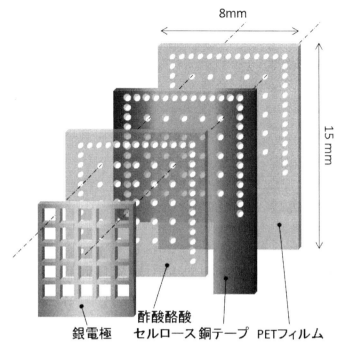

8mm

15 mm

銀電極　酢酸酪酸セルロース　銅テープ　PETフィルム

図3　フィルム型湿度計の構成模式図

下部電極となる銅テープをレーザカッターで加工した。その上に感湿材料として定番材料である酢酸酪酸セルロースをスピンコートし，感湿膜上にインクジェットプリンタを用いて，銀インクを格子状にパターニングした。低温焼成型の銀インクを指定焼成温度よりやや低い温度，長時間焼成することで，基材のPETフィルムやその他各種材料の基本性能を損なうことなく，十分な導通状態まで焼成することができた。脱湿経路として多数の微細孔をレーザカッターで開口した。センサと皮膚との間に設置するためスペーサーとして，グラニュー糖を懸濁させたプレポリマーでPDMSフィルムを作製後にグラニュー糖を水洗して除去することでPDMSスポンジフィルムを得た。またこのセンサを取り付けるための指輪を3Dプリンタで作製した（図2）。計測回路などは市販のLCRメータを用いることにし，現状で指輪側に検出回路や制御・通信回路は構築しておらず，指輪は単純な円筒状で，フィルム状センサの保持具としてのみ機能している。

　基本の湿度時間応答を確認するため風洞実験を行った。圧空ラインを減圧し，膜式エアドライヤを経由させることで湿度を一旦10%以下に低下させ，これを分岐して一方をエアバブリングにより加湿してからマノメーターにて流量制御しながら再混合して，風洞内に導入するセンサ用風洞を製作した。本湿度計と市販の湿度センサを同時に用いて風洞実験を行った結果，作製したセンサの静電容量変化が市販のセンサの湿度変化と同様の応答速度，応答範囲を示すことが確認できた（図4）。

　また微細孔の有無による脱湿の差違について調べるため，湿潤させた紙をPETフィルムで覆

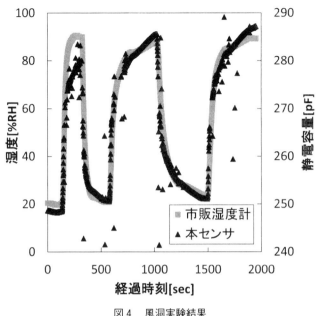

図4　風洞実験結果

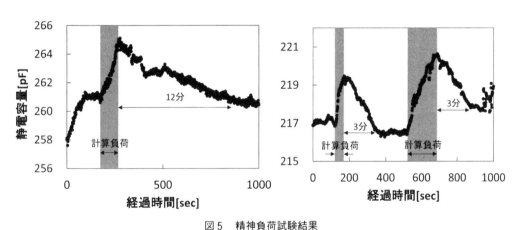

図5　精神負荷試験結果
（左）微細孔面積0.06 mm²，（右）微細孔面積0.09 mm²

い乾燥による重量変化を見る方法で確認した。微細孔を有するPETフィルムはほぼ同面積当たりのヒト最大発汗速度程度の直線的な質量減少が見られたのに対して，微細孔のないものはほとんど変化しなかった。これにより微細孔の開口が脱湿経路として有効であること確認した。本湿度計と多孔質PDMS膜を指輪で保持しながら簡単な計算問題によって被験者に精神負荷をかけて，市販LCRメータで容量変化を読み取ったところ，負荷時に数pF程度の容量上昇が観測できた（図5）。大きな微細孔の方が素早く元の容量値へ復帰したことから実利用においても微細孔が有効に機能していることが確認できた（承認ヒト27-17）。

謝辞

　本研究は小山恵里，山内友輔の卒業研究として行われた。両氏に感謝申し上げる。

文　　献

1)　厚生労働省，平成24年「労働安全衛生特別調査（労働者健康状況調査)」の概況（2013)
2)　尾仲達史，日本薬理学雑誌，**126**(3)，170-173（2005)
3)　岩瀬敏，西村直記，*Derma*，**220**，1-8（2014)
4)　中村元信，*Derma*，**220**，9-12（2014)
5)　服部恒明，大槻文夫，体育學研究，**19**(3)，133-136（1974)
6)　近江雅人，日レ医誌，**35**(4)，438-443（2015)

12 POCT型体外診断用機器の実用化

山崎浩樹*

12.1 臨床検査用POCT機器

　病院を受診した時に，採血や採尿を指示されることがある。それは，臨床検査を行うことが目的で，採取した血液や尿，便，細胞中の成分分析が行われる。その成分分析結果は，診療および治療の方針決定と診断の確定，治療効果の判定に利用されるため，臨床検査は必要欠くことができない医療技術である。臨床検査を行うための検体は，臨床検査を行う場所，つまり臨床検査機器が設置されている場所に運搬，集約され，効率的に測定処理され，診療，治療の現場にフィードバックされる。そのために，臨床検査用分析機器は病院内の中央検査室や検査ラボまたは外部機関の検査センター等に設置され，専門の検査技師により測定が実施されている。このような従来の医療検査システム（中央検査システム）に加えて，1990年代から米国を起点として診療・治療を行う患者のすぐそばで臨床検査のための測定が実施される臨床検査システム（検査分散・データ中央管理システム）の流れが生まれてきた（図1）。これは，臨床検査のための測定検体を患者から採取し，分析機器の設置場所へ移送，測定を実施し，その結果を診療，治療の現場にフィードバックする時間的遅れやそれに伴う診療，治療効率，人件費等の改善目的により生まれたシステムである。これにより，診察の時間内に臨床検査が実施できることで，臨床検査結果に基づく診断や治療のための再診療，再来院の非効率さの改善も期待された。このような臨床検査システムはポイント・オブ・ケア・テスティング（POCT）と総称され，POCTを指向した体外診断用機器・デバイスは，様々な特徴を有して多種実用化されている[1~3]。

　POCTを指向した体外診断用機器・デバイスは，測定データは集中管理され，検査場所を分散

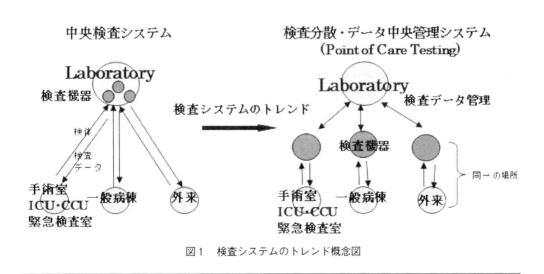

図1　検査システムのトレンド概念図

＊　Hiroki Yamazaki　㈱テクノメディカ　方式開発部　部長

させることができなければならず，ポータブル性を有していることが宿命でもある。したがっ
て，可搬性を考慮した測定データの集中管理のためのデータ通信機能の一元化管理システムが課
題となる。また，各機器およびデバイス毎に専門の検査技師，管理者が配置されることは現実的
には不可能で，機器およびデバイスが適正に動作していることの管理手段も課題となる。

12. 2　IoT機能搭載の臨床検査機器

　POCTを指向した体外診断用機器は，血液一般検査，生化学検査，凝固・線溶検査，尿・便検
査，免疫血清学的検査，生理学的検査，遺伝子検査等，あらゆる臨床検査項目が測定対象と捉え
ることができ，ほぼすべての検査項目でPOCTのための機器・デバイスが存在するようになって
きている[4]。臨床検査機器の中でもPOCT型機器の代表例は，血液ガス分析装置である。血液ガ
ス分析（pH，pCO_2，pO_2）は，呼吸機能，恒常性機能の状態を把握する検査項目であることか
ら，数分の単位で処置指針を決めることが必要とされる臨床検査項目，緊急検査項目である。そ
のために，血液ガス分析は測定が必要な時にその場ですぐに測定結果を必要とし，緊急検査項目
としての緊急度，重要度が高い検査の一つである。さらに血液ガス分析は手術や救命救急の現場
において専門の検査技師による検査から離れて臨床検査が実施される代表的な検査項目でもあ
る。このように臨床検査分野では血液ガス分析は検査の特性上POCTの代表例として位置付けら
れる。そしてPOCT機器の観点から，血液ガス分析は，診療・治療の場所で測定できるPOCTを
指向したデバイスの利点を最大限に発揮できる臨床検査項目でもある。さらに血液ガス分析装
置，臨床検査機器は，測定が必要な時に的確に測定が行われなければならず，測定された結果に
対する解釈も適正に行わなければならないことは，治療の方針決定の重要な要因であり，その間
違いは患者の予後にも大きく影響する可能性のあることからも容易に推測できる。

　このような背景に基づき，臨床検査機器，特に血液ガス分析装置にIoT機能を搭載することは
臨床検査機器の価値，提供される情報をさらに充実させることにつながるものである。血液ガス
分析装置へIoT機能を搭載したデータ通信システムはインターネットを介してクラウドにつなが
れており，クラウドに蓄積された情報，データを携帯端末やパーソナルコンピュータからアクセ
ス，活用する構成，運用となる（図2）。IoT機能を搭載し，有効に活用するためには臨床検査
機器，特に血液ガス分析装置に装置状態を自己診断する機能が搭載されていること，および測定
データに基づく病態解析ができることが必要となる。その内容に基づき，いつでも正確な臨床
データを取得できる装置状態を維持させ，適切な治療指針を立てられなければならない。つま
り，臨床検査機器のためのIoT機能は，測定エラーや装置トラブルが発生する前の状態を推測，
予測し，エラーや装置トラブルが発生して測定ができない状態になる前にメンテナンスを実施
し，エラーの発生を未然に防止する方策を取ることにつながる。万が一，突発的なエラーが発生
した場合にも即座に，あらかじめ指定された携帯端末やパーソナルコンピュータに電子メールを
送信して警告情報を告知，緊急対応を促し，最良のメンテナンス対応を実施するための方策を立
てることにつながることになる。

図2　IoT機能のためのシステム概念図

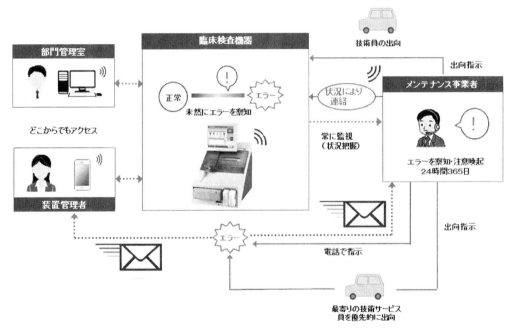

図3　IoT機能を搭載した臨床検査機器の運用実例

　図3には血液ガス分析装置が携帯端末やパーソナルコンピュータに接続され，装置状態を監視，装置がエラーを発生する前の段階で未然にエラーの発生を予知し，適切な対応をするための運用例を示す．すなわち，血液ガス分析装置がインターネットに接続され，クラウドを介して装置の管理者や保守メンテナンスを実施する事業者につながる仕組みが構築されている．それにより，装置管理者と保守メンテナンスを実施する事業者が同じ情報を共有し，メンテナンス内容の適切な指示，保守メンテナンスを実施する事業者による現地修理の実施等が速やかにシステム化

された状態で行うことができる。なお，個人情報に関わるセキュリティー等医療分野特有の問題点は，あらかじめ設定されたソフトウエア，プログラム以外は動作しない制限を加えることと，ランダムに，定期的にIPアドレスを変更することで解決されている。測定された結果の判別，解析された情報を治療支援に活用することへも進展しつつあり，単なる測定機器から情報分析機器へと進化している。専門医が行う診療，治療と同じ医療を提供するための診療支援情報を表示するための，ニューラル（ベイジアン）ネットワーク解析システムが構築され実装されつつある。これは，広領域の専門知識を要する救急外来診療や，重症者のICU集中治療における医師や看護師の負担を軽減し，患者のQOLにも役に立ち，そして質の高い地域医療の補助となり，かつ医療コストの削減へと期待，および活用が展開されている。

12.3　ヘルスケア領域における検査機器のIoT機能

近年の少子化に伴う人口減少および長寿命化に伴う高齢化は，国民一人一人の健康の維持と増進に対する関心へとつながり，国はもとより，各自治体，企業等でもヘルスケア領域の積極的な展開が政策，事業として進められ，そのための規制緩和も進められている。「検体測定室」が登場したことは，これまで法的に曖昧であった薬局等での生体試料（血液）を利用した検査が法律的に認められることとなり，健康な日常生活を送る上で密かに忍び寄る病魔を未然に予知し，予防することも手軽に，そして経済的にできるようになってきた。各個々人による健康管理，健康維持への意欲によって，病気の発症を抑制し，また発症後の予後も良い状態で早い段階に社会復帰できる一助に成り得ることが期待されている。現在「検体測定室」で検査できる項目は限定されているが，今後拡大されることが推測される。この流れは，「ヘルスケア」と総称される分野のほんの一部に過ぎないが，ヘルスケア領域において様々な取り組みが行われ，ユニークな製品が提案されつつある。

携帯型の血液検査機器STAX-5 inspire（図4）は，指先穿刺した血液10マイクロリットルをセンサカードと呼ばれる専用のデバイスに点着するだけで約60秒後に血液中のNa^+，K^+，Cl^-およびヘマトクリット濃度を得て電解質異常を知ることができる。また，センサカードを替えることでpH，二酸化炭素分圧を得て酸塩基平衡異常を知ることができる。このような装置，デバイスは日常生活，屋内や屋外での運動中の自覚症状として軽度な初期の段階でチェックして状態改善するために活用できる。

すなわち，脱水，熱中症，日射病等に移行する過程では生命体内での電解質異常，酸塩基平衡異常が起こる。気象環境の変化と生活環境の快適性向上に伴い年齢層は問わず，そして屋外のみではなくあらゆる状況下で脱水症が発生しやすくなっている。そのために，血液中の電解質異常，酸塩基平衡異常をチェックし，症状の進行が軽度のうちに適正な処置を行うか，改善を行うことが第一の対策であり，万が一症状が発生した場合にもその時の状態を把握し，適切な処置を実施することで，予後に与える影響は大きく異なることとなる。このようなヘルスケア領域で使用される検査機器は，POCTを指向した体外検査用機器が適しており，その中でもハンディ型，

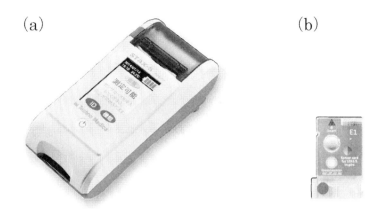

図4　携帯型電解質分析器STAX-5 inspire外観写真
(a)装置本体，(b)専用センサカード

携帯型であり，トレーニングを受けた専門の管理者による保守，メンテナンスが不要であること
がさらに必須の要件として考慮されなければならない。臨床現場では専門の管理者もしくはメー
カによる定期的保守の実施が可能であるものの，ヘルスケア領域で不特定多数の様々な人が使用
することを想定した機器の場合には，機器の適正稼働の検証，測定データの確かさの検証のため
の自己診断機能は最低限有している必要がある。このような場合にも，IoT機能の搭載は，装置
の価値，提供される情報，アフタケアを充実させるための一助となる。

　STAX-5 inspireによる測定では現時点では間欠的な測定であるが，ヘルスケア領域で要求さ
れるデバイス，新しく展開されるデバイスを想定すると，連続モニタリング方式が好ましい。生
体から発せられる信号変化を初期段階で察知し，適正な対処を取るための指針，情報発信が必要
であり，将来展開は，IoT機能を活用して被検者の電解質異常，酸塩基平衡の異常を非侵襲で簡
易に，そしてリアルタイムに捉え，情報発信，処置の指示および緊急対応ができるデバイスへの
展開へと進んで行くものと考えている。

12. 4　最後に

　あらゆるものがインターネットにつながるIoT時代において，臨床検査機器に関わる情報，臨
床検査データがもたらす情報が，医療技術の高度化，高機能化の進展への新たな価値を創出する
ための効果になることは計り知れない。逆に臨床検査機器の情報，臨床検査データがなければ，
IoT機能の効果および価値は，十分に発揮させることができない。IoT機能の臨床検査機器への
活用は，臨床検査機器の管理を目的として実用適用されてきている。現在は，臨床検査機器の装
置状態の情報に基づく管理が主体とされており，多くは装置が適正に稼働すること，装置の稼働
状態の把握と臨床検査業務の運用状況把握となっている。これは，臨床検査機器を管理する側，
保守メンテナンスを実施する側からの視点に立ったデータ情報で，臨床検査機器の本来の存在意

義である医療，臨床検査データに基づき治療される患者側の価値への貢献が十分に果たされていない。臨床検査機器の本質的な要求事項は，生体情報を正確に，早く医療従事者に情報提供することであり，適切に採取された検体が操作手技等に依存せずに測定でき，間違いなく正しい検査結果を提供できることである。そしてそれが，いわゆる良い医療，地域に依存することのない，同じ医療を受けることができるための情報を提供することである。臨床検査データに基づく適正な診断，治療が行われるためのIoT機能の活用が求められることであり，IoT機能をオーダメード医療，テーラーメード医療と医療の高機能化にも結び付けた展開に進展させていきたい。同時に臨床検査機器をベースにしたヘルスケア分野に展開される検査機器にも同様にIoT機能を活用して健康管理，健康増進および未病状態の早期認識のための情報提供システム，双方向でコミュニケーションが取れる情報通信システムとして進展させていきたい。

文　　　献

1) Erickson KA *et al.*, *Clin. Chem.*, **39**, 283 (1993)
2) Sands VM *et al.*, *Acad. Emerg. Med.*, **2**, 172 (1995)
3) 福永壽晴，検査と技術，**27**，674 (1999)
4) JCCLA編集委員会，POCTガイドライン第3版，日本臨床検査自動化学会会誌，**38**，62 (2013)

第2章　フレキシブルデバイス

1　フレキシブル温度センサ

横田知之*

1.1　はじめに

　体温は，生命活動において非常に重要な役割を担っている。恒温動物は，生命活動を維持するため，外界の温度にかかわりなく深部体温をほぼ一定に調整する機構を有している。温度調整の例としては，発汗や呼吸を盛んに行うことにより，放熱をすることにより体温を下げたり，筋肉の収縮を頻繁に行わせることで，体温を上げたりすることが挙げられる。その他にも，ウイルスや細菌の増殖を抑え，免疫系の活動を活発化させるために，体温を上げる機構を有するなど，温度調節は生命活動において非常に重要な役割を果たしている。そのため，生体の温度は生体情報の中でも重要度が高い。また，生体の温度は，常に皮膚や呼吸器を通じて外界との熱の移動が生じているため，体の部位によって異なり，時間的にも変化している。さらに，低体温療法や温熱療法などのように，温度を人工的に管理することが，臓器の保護や疾患の治療に有効である場合もある。このように，生命現象や医療処置に伴う温度変化を計測するためには，生体内外において，体温付近を高分解能で，分布も含めて計測できる温度センサが非常に重要である。

1.2　従来の温度センサ

　温度を制御することは，生体温度を測る以外にも工業的にも非常に重要である。そのため，これまでに様々な種類の温度センサが広く開発・市販されている。特に工業的によく用いられているものとして熱電対，測温抵抗体などが挙げられる。これらのデバイスは，非常に高い感度を持っており，0.1℃以下の精度で温度の測定を行うことが可能である。これらの温度センサは，基本的には単体で用いられるか，単体デバイスを並べてそれぞれに読み出しの制御回路を接続することで，多点測定を行うこともできる。しかしながら，柔らかい生体の温度を精度よく測定しようと考えると，温度センサと生体との間に高い密着性が必要になり，その他にも生体へのダメージを低減する必要があり，非常に柔らかいセンサであることが重要となってくる。これらの温度センサは一般的には固いセンサであるが，フレキシブルな基板上に作製することで，生体への侵襲性の低い温度センサとして用いることが可能である。実際，イリノイ大学のJohn Rogers教授らはフレキシブル基板上に測温抵抗体を多点に並べ，デバイスを生体組織に直接貼ることで，温度分布の計測に成功している（図1）[1]。一方で，これらの温度センサは精度よく測定することができるものの，温度変化に対する出力変化量（抵抗や電圧）が非常に小さく，精度の高

＊　Tomoyuki Yokota　東京大学　大学院工学系研究科　電気系工学専攻　講師

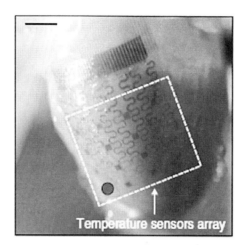

図1　フレキシブル基板上に作製された金属薄膜を用いた測温抵抗体
動物の臓器などに直接貼り付けることで，温度分布の計測も可能である[1]。

い読み出し回路が必要不可欠である。そのため，ウェアラブルデバイスや埋め込み型の温度センサとの整合性はあまり高くないことが，重要な課題として挙げられる。

　多点計測として温度分布のイメージングが可能な手法の代表例としては，サーモグラフが挙げられる。サーモグラフは，赤外放出エネルギーを検知することで温度を測定するため，計測対象とセンサの間に一定以上の距離が必要であり，システムとしての小型化は難しい。また，サーモグラフ自体はリジットな素子であるため，フレキシブル，ウェアラブルエレクトロニクスとの相性が悪く，実用的な分解能も0.5℃程度にとどまっている。さらに，最大の問題点として服の上などから皮膚の温度を測定することができないことが挙げられる。

1.3　ポリマーPTC

　フレキシブルエレクトロニクスや，ウェアラブルエレクトロニクスの材料においては，印刷性が重要な点として挙げられる。フレキシブル基板やテキスタイル上に，直接印刷することができれば，大面積に低コストでセンサを作製することが可能である。このような材料の1つとしてポリマーPTC（Positive temperature coefficiency）が挙げられる。ポリマーPTCは，ポリマーの中にグラファイトや銀ナノ粒子をはじめとした，導電性のフィラー材料を分散することで構成されている。温度が低い状態では，導電性物質同士が接触しており，導電パスが多く存在し低い抵抗を示す。一方で，温度が高い状態になると，ポリマーの体積が急激に膨張することで，導電フィラー間の距離が大きくなる。その結果，導電パスが少なくなり，抵抗が急激に変化する（図2）。一般的に，ポリマーPTCにおける抵抗の変化量は非常に大きく，6桁以上の抵抗変化を示すものなども報告されている。このような特性を生かして，工業用途としてはデバイスの保護回路や温度ヒューズとして用いられてきた。このように優れた抵抗変化を示す一方で，従来のポリ

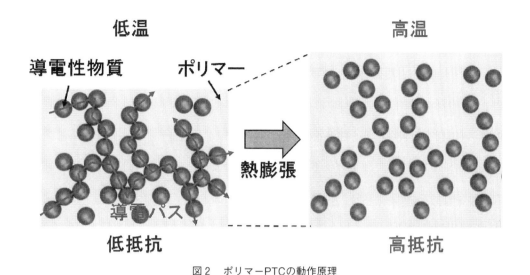

図2　ポリマーPTCの動作原理

マーPTCは反応温度の制御が非常に難しい，繰り返し動作に対する低い耐久性，素子の厚さ（1mm以上）によるフレキシビリティの低さなどが問題として挙げられた。

1.4　体温付近で反応するポリマーPTC

　これまでに報告されてきたポリマーPTCは，ポリマー自体の融点が高く，100℃以上の反応温度がほとんどであった。そのため，エレクトロニクスの保護回路などで用いることができるが，体温付近の温度を感度よく測定することが難しく，生体温度測定用のデバイスとしては適さなかった。近年，スタンフォード大学のZhenan Bao教授らにより，融点の低いポリマーと高いポリマーを混ぜ合わせることで，100回以上の高い繰り返し耐久性と体温付近での大きな抵抗変化を実現する材料が開発された[2]。彼らは，ポリマーとして，ポリエチレンとポリエチレンオキシドを用い，導電材料としてNiフィラーを混合することで，ポリマーPTC材料を設計した。ポリエチレンオキシドは体温に近い45℃付近に融点を有しており，ポリエチレンは95℃付近に融点を有している。この2種類のポリマー材料を混合することで，体温付近で抵抗変化を実現しつつ，なおかつ繰り返し耐久性の高い温度センサを実現することに成功した（図3）。一方で，この材料の欠点としては，センサ部分の厚さが1mmと厚くフレキシブル性が乏しいことが挙げられる。また，反応温度をポリエチレンオキシドの分子量で制御しているため，細かな反応温度の制御が難しいことが挙げられる。

1.5　印刷可能なフレキシブルポリマーPTC

　従来のポリマーPTC材料の問題点を改善する手法として，二種類のアルキル鎖長の異なるアクリル系のモノマー材料を光重合することで，体温付近に融点を有するポリマー材料の合成方法

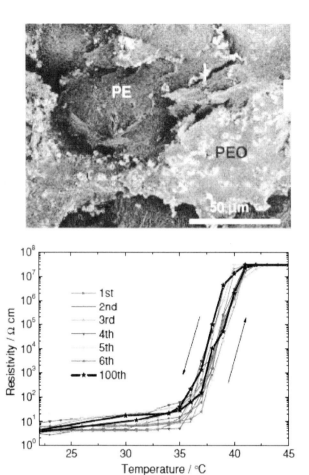

図3 体温付近で抵抗変化を示すポリマーPTC材料[2]

が挙げられる。このポリマー材料に導電性フィラーとしてグラファイトを25重量パーセント混合することで，体温付近で抵抗変化を示すポリマーPTC材料として用いることができる[3]。この材料はペースト状になっており，印刷手法などを用いてフレキシブル基板に直接成膜することが可能である。図4に印刷プロセスを用いて作製した温度センサマトリックスを示す。温度センサは，メタルマスクやフィルムマスクを用いてパターニングすることが可能であり，厚さは最も薄くて12μmまで薄膜化することが可能である。さらに，有機トランジスタのアクティブマトリックスと集積化を行うことで，大面積の多点温度センサとして用いることも可能である。このように非常に温度センサ部分を薄膜化できているため，曲げても壊れない高いフレキシブル性を実現することに成功した。

　作製した温度センサの単体特性を図5に示す。温度センサは36℃付近では約$10^4 \Omega$cmと低い抵抗率を示している。一方で，温度を上げるにつれて抵抗率が徐々に大きくなっていることが分か

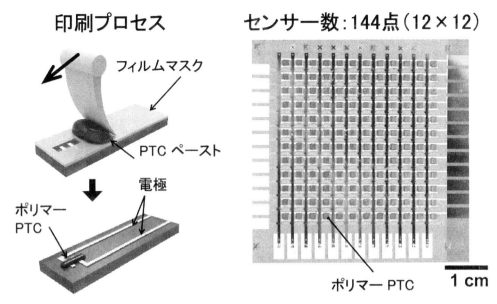

図4　印刷プロセスを用いて作製した温度センサマトリックス

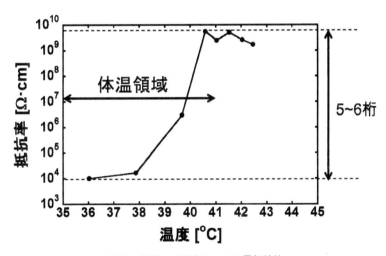

図5　作製した温度センサの電気特性

る。40℃付近では10^{10}Ωcmまで上昇しており，体温付近の4℃でおよそ6桁程度の非常に大きな抵抗変化を示した。また，今回作製したポリマーPTCは，従来のポリマーPTC材料を用いた温度センサと比較して，非常に高い繰り返し再現性を示しており，約2000回の温度変化履歴を加えても，5から6桁程度の大きな抵抗変化を示した。今回作製した温度センサは，基板と合わせて50μm以下まで薄膜化することができており，高いフレキシブル性も有しており，1mm以下の曲率半径まで曲げても壊れず，きちんと動作することが確認できた。

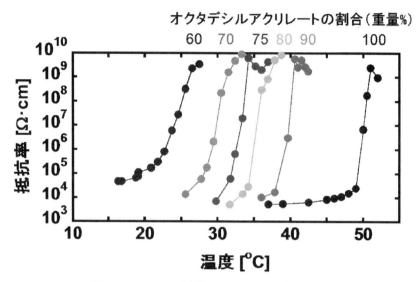

図6　モノマーの混合比によるデバイス特性の変化

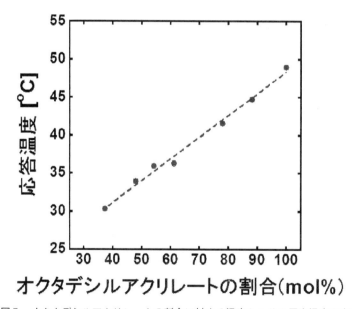

図7　オクタデシルアクリレートの割合に対する温度センサの反応温度の変化

　ポリマー合成の際に用いたオクタデシルアクリレートとブチルアクリレートは，室温ではそれ
ぞれ固体と液体の物質である。そのため，これらの合成割合を変えることで，ポリマー自体の融
点を制御することが可能である。ポリマーPTC材料は，モノマー材料の比率を変えることで，
反応温度を制御することが可能である。図6に合成の際のモノマーの割合を変えた温度センサの
特性を示す。オクタデシルアクリレートの割合が60重量パーセントから100重量パーセントに増

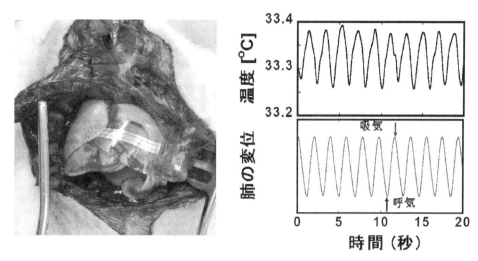

図8　ラット肺の温度の時間変化

えるにつれて，温度センサの抵抗率が変化する温度が高温側にシフトしていることが分かる。反応温度は，25℃から50℃付近まで制御することができ，非常に幅広い制御性を有していることが分かる。また，反応温度をオクタデシルアクリレートのモルパーセントでプロットしたものを図7に示す。反応温度は，モルパーセントに対して，線形的に変化していることが分かる。このように非常に高い線形性を有しているため，約0.3℃での反応温度の制御が可能であり，従来の分子量を用いた制御手法と比較しても，非常に高い制御性を実現していることが分かる。

　この新しい温度センサは，従来のポリマーPTCと同様に非常に大きな抵抗変化を示す。そのため，反応温度あたりで非常に高い感度を有していると考えられる。実際，温度センサの感度を計測したところ，反応温度付近で，0.1℃以下の非常に高い感度を示した。このような高い感度とフレキシブル性は，柔らかい生体温度を測定するうえで，非常に有効的である。実際，この温度センサをラットの肺に直接貼ることで，肺の温度の測定をすることに成功している。図8に単体のデバイスを用いた，測定したラットの肺の温度変化を示す。ラットの肺は，約0.1℃の温度変化が周期的に起こっていることが分かる。温度変化の測定と同時に，レーザー変位計を用いて肺の変位を測定すると，温度変化とほぼ同周期での変位を確認することができる。これは，ラットが呼吸することで，大気中の冷たい空気を肺に取り入れ，肺の温度が低減していることを意味している。このように，高い感度と高いフレキシブル性を実現することで，生体温度の非常に小さな温度変化を検出することに成功している。この温度センサは，先ほど述べたとおり印刷可能であるため，大面積に容易に成膜が可能である。図9に示すように5×5の温度センサマトリックスを作製し，同様にラットの肺の温度分布の測定をした結果，赤外線カメラを用いて測定した結果とほぼ同様の結果を示しており，大面積デバイスへの応用も可能であることが確かめられている。

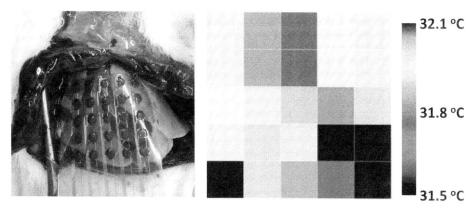

図9　ラット肺の温度分布

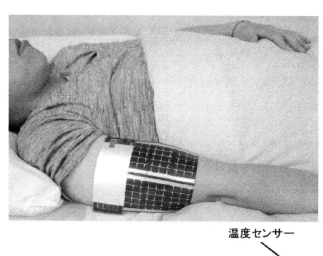

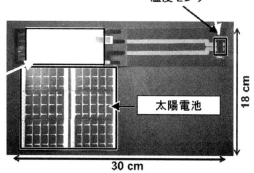

図10　装着可能な熱検知システム[4]

　さらに，この開発されたポリマーPTCは，有機の集積回路などと組み合わせることで，様々なデバイス応用も可能である。図10にその実例を示す。図10に示された温度検知システムは，太陽電池を用いて発電し，その電力を用いて有機回路を動作させている。有機回路にはリングオシ

レータを集積化しており，38℃以上になるとリングオシレータが発振して圧電素子であるPVDF
シートに電圧が印加される。その結果，ある一定の周波数の音波が発生し，体温の上昇を検知で
きるシステムとなっている。このように，ワイヤレスで体温上昇を検知できるシステムは，熱中
症予防などで非常に有用であると考えられる。

1.6　まとめ

　印刷可能な新しい温度センサは，体温付近で高い感度を有しており，生体温度の小さな温度変
化を測定するのに非常に有用的である。また，印刷プロセスを用いて作製できるセンサは，フレ
キシブル基板やテキスタイル上に簡便にセンサなどを形成することができる。そのため，現在の
装着感のあるウェアラブルエレクトロニクスをさらに進化させて，装着感の少ないウェアラブル
エレクトロニクスを実現するうえで，非常に重要な技術であると考えらえる。

文　　　　献

1)　L. Xu *et al.*, *Nature Communications*, **5**, 3329（2014）
2)　J. Jeon *et al.*, *Advanced Materials*, **25**(6), 850-855（2013）
3)　T. Yokota *et al.*, *Proceedings of the National Academy of Sciences*, **112**(47), 14533-14538
　　（2015）
4)　H. Fuketa, 2015 IEEE International Solid-State Circuits Conference-（ISSCC）Digest of
　　Technical Papers. 1-3, IEEE（2015）

2 有機FET型化学センサ

南　豪[*1]，南木　創[*2]，時任静士[*3]

2.1 はじめに

　身の回りのあらゆる場所にセンサを組み込み，それらがネットワークを介して接続されることで，環境や身体の状態を常時・多角的にモニタリングする「トリリオン・センサー社会」の実現に向け，様々な研究開発が行われている。これまでのセンサデバイスは一般的に，加速度や圧力などの物理的パラメータを対象としたものが主流であり，またその信号読み出しには微細加工技術を駆使した無機半導体デバイスを中心に検討されてきた。一方で，標的物質の種類や濃度を計測する化学・バイオセンサの普及は，ガスセンサや一部の医療用途分野に限定されているが，これは定性・定量性を担保しながら環境中や我々の身体上にこれらのセンサデバイスを導入することが困難であったためと考えられる。

　そこで我々は，有機トランジスタ（有機FET）に分子認識能を賦与した化学センサデバイスの構築を思い立った。有機FETは有機半導体材料を活性層に用いた電子デバイスであるが，無機半導体デバイスと異なり塗布成膜や低温焼成の適用が容易であることから，プラスチックや紙をはじめとした柔軟な基板上に電子デバイスを構築することができる。その軽量性，柔軟性，低環境負荷，低コスト性，大面積デバイス化などの特徴により，近年応用研究が加速しており，新しい応用としてセンサへの適用が多数報告されはじめている。これは，極薄厚なフィルム基板上へのデバイス集積化によって，生体に装着しても違和感のないウェアラブルなセンサの実現に貢献し得ることに起因しており，有機FET型センサデバイスは，これまでにない生体計測技術を提供し得るものとして注目されている。有機FET型センサの例としては，圧力をはじめとした物理的パラメータの検出がこれまでに多く報告されている[1]。一方で，有機FETに適切な化学物質認識機構を組み込むことで，様々な標的化学種を検出することができれば，身体情報の直接的な計測のみならず，環境や食品に含まれる化学物質の検出が可能となり，間接的にも我々の健康を守る技術につながり得る。そこで本節では，有機FETを用いた化学・バイオセンサの構築および様々な化学物質の検出に関する筆者らの取り組みを紹介する。

2.2 有機トランジスタ型化学センサの構造と動作原理

　有機FET型センサの基本構成は，標的物質認識部（レセプタ）とその情報を電気信号に変換する信号変換部（トランスデューサ）から成る。トランスデューサとなる有機FETは無機半導体を用いた従来のMOS-FETと同様の構造をとり，ゲート，ドレイン，ソースの3極から構成さ

＊1　Tsuyoshi Minami　東京大学　生産技術研究所　物質・環境系部門
　　　　　　　　　　講師，東京大学卓越研究員
＊2　Tsukuru Minamiki　東京大学　生産技術研究所　東京大学特別研究員
＊3　Shizuo Tokito　山形大学　有機エレクトロニクス研究センター　教授

れる。ソースを基準にドレインおよびゲートに電圧を印加し，電界を誘起させることで電気的特性を制御する。通常の有機FETは上述の魅力ある特徴を有する一方で，MOS-FETと比較して駆動電圧が通常高く（10〜100 V程度），更に湿式雰囲気下での駆動により特性が劣化するという問題を有する。これは水系媒質中での標的化学種の検出が困難であることを意味する。これらの問題は，有機半導体の本質的な問題（電荷移動度の低さや，ドーピングの影響を受け易いなど）に起因しており，フレキシブルな有機FET型センサによる標的化学種の検出を達成するためには，素子構成を工夫する必要がある。本項ではまず，センサデバイスとしての動作安定性を考慮してデザインされた，低電圧駆動延長ゲート型有機FET[2]を紹介する。

　延長ゲート型構造を有する有機FETを図1(a)に示す。当該構造は検出部位とトランジスタの駆動部位が分離されており，検出の際は駆動部が直接的に水に曝露されることはなく，安定した動作が可能となる。また，ゲート誘電体層に高静電容量を有する自己組織化単分子膜（SAM）／酸化アルミニウム複合膜を適用しているので，3 V以下の低電圧駆動を達成し得る[3, 4]。ゲート電圧は，参照電極（Ag/AgCl）を介して印加される。また，レセプタあるいは酵素は延長したゲート電極上に固定されている。本構造による標的化学種の検出原理を図1(b)に示す。レセプタを修飾した延長ゲート電極の場合，電極上で捕捉された標的物質のもつ電荷は延長ゲート電極の電位を変化させ，基準電極との電位差が変わることにより，有機FETのチャネルコンダクタンス（＝電流の流れ易さ）に影響を与える。この結果，トランジスタの電気的特性が変化するため，分子認識情報を電気信号として読み出すことができる。すなわち，本センサデバイスは延長ゲート電極と参照電極間の電位差変化に基づいた電気化学分析法の一種といえる。電気化学分析は，大型の測定機器を必要とせず，また電子回路中に組み込むことで集積化が容易である特徴を有する。

　標的物質を捉える認識部位には，基本的に有機合成化学的に得られた人工レセプタを適用することとした。後述するように，バイオセンサに一般的に用いられる抗体や酵素などの天然由来物質は，オンサイト分析や常時モニタリングへの適用には課題が多いことから，我々は標的化学種に対する結合親和性を有するレセプタ分子を共有結合的に電極上に導入し，様々な化学物質の検

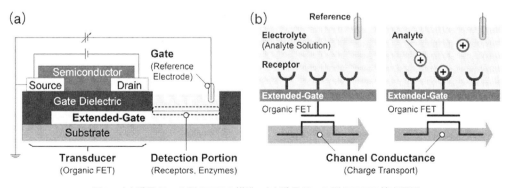

図1　(a) 延長ゲート型OFETの構造，(b) 延長ゲート型OFETの検出原理

出に取り組んできた。以下の各項では，開発した有機FET型化学センサデバイスに基づき，様々なシーンでのセンシングを指向した検討例を紹介する。

2.3　オンサイト検出を指向した環境計測用センサデバイス

　人類の生産・消費活動に伴う環境汚染は，我々の生活のみならず，自然や生物種に深刻な影響を与えている。環境汚染への対策としては，はじめに汚染物質の排出源を特定し，続いてその排出を抑制する，または浄化の措置をとる必要がある。法整備と関連技術の開発がすすめられた結果，先進国では環境中への汚染物質排出が厳しく制限され，甚大な環境汚染は収束しつつある。一方で発展途上国においては，技術面での整備の遅れや経済的な問題から，排出源の規制や特定が困難である事例が多く，現在でも様々な健康被害が報告されている。このような国々において環境汚染を防止するためには，簡便に利用でき，かつオンサイトで分析可能なセンシングシステムが必要不可欠となる。簡便な化学分析法として，試薬に基づく比色法が挙げられるが，定量的な分析結果を得るためには分光器が必要となることから，オンサイト分析への障壁となっている。そこで我々は，環境汚染物質のオンサイト分析を指向し，これらの標的物質に対する分子認識能を賦与した有機FET型化学センサの開発を試みた。有機FETは機械的柔軟性を有するデバイスであることから，その場分析のみならず，環境のあらゆる場所（例えば，配水管中など）に設置することが期待できるため，常時環境状態をモニタリングするといった応用も考えられる。

　はじめに，重金属イオン類の検出に取り組んだ[5]。重金属類の排出による環境汚染は深刻な問題であるが，とりわけ水銀化合物類は人体に取り込まれると重篤な神経疾患などを引き起こすことから，その分析は非常に重要である[6]。筆者らは，水銀（II）イオン（Hg^{2+}）に対し結合親和性を有するジピコリルアミン誘導体（DPA）[7]を延長ゲート電極上に化学修飾することにより，有機FETによる検出に取り組んだ（図2(a)）。滴定実験を行ったところ，Hg^{2+}の濃度増大に伴うトランジスタ特性の変化が観測された。XPSによる表面元素分析の測定結果からも，この変化はDPA-SAMによるHg^{2+}の捕捉に起因するものと推察される。選択性の検討においては，Hg^{2+}以

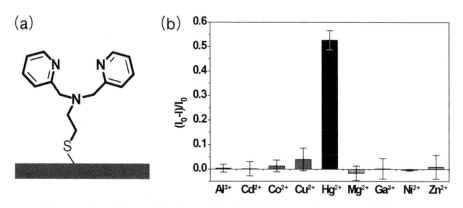

図2　(a) DPAを修飾した延長ゲート電極，(b) 重金属イオン類に対する電流値の変化

外の金属種に対してもDPAの金属配位能に基づいた信号変化がみられた。そこで，Hg^{2+}以外の金属種に対するキレート能が知られているジピコリン酸[8]を系中に共存させたところ，Hg^{2+}の選択的認識に成功した（図2(b)）。

　また，フッ化物イオン（F^-）を標的にしたセンサデバイスの開発にも取り組んでいる[9]。フッ素系化合物は工業的に多く利用される化学種であるが，高濃度に人体に取り込まれると，斑状歯や骨の湾曲などのフッ素症を引き起こすことが知られており，排出規制とその分析は重要となる[10]。しかしながら，F^-はその強い水和エネルギーから検出が困難な化学種である。筆者らはその検出を行う上で，ルイス塩基性アニオン種であるF^-に対して，ルイス酸性官能基を修飾することが有効であると考え，フェニルボロン酸に着目した[11]。フェニルボロン酸は，ホウ素の空のp軌道に由来したルイス酸性を示すことから，ルイス塩基性化学種に対し有用なレセプタと機能することが期待できる。延長ゲート電極上への導入にあたっては，まず2-アミノエタンチオールを修飾後，3-カルボキシ-5-ニトロフェニルボロン酸をカップリング反応によって共有結合的に固定した（図3(a)）。フェニルボロン酸には電子求引性のニトロ基が導入されており，これによってボロン酸のルイス酸性度をより高め，F^-などのルイス塩基性化学種に対する結合親和性の向上を図っている。種々のアニオンに対し滴定実験を試みたところ，酢酸イオンやリン酸二水素イオンに対してもやや応答を示したものの，F^-に対し最も強い応答を示し，一方で他のハロゲン化合物イオン類にはほとんど応答を示さないことがわかった（図3(b)）。

　これらの結果から，人工レセプタ材料を組み込んだ有機FETは，様々な環境汚染物質を電気的に検出できることが確認され，簡便に環境計測が可能なセンサデバイスのプラットフォームとなり得ることを示すことができた。

2.4　抗体および酵素を用いないアレルゲン検出法

　環境汚染問題と同様に，"食の安全"を確保することは我々の生活において重要となる。食品

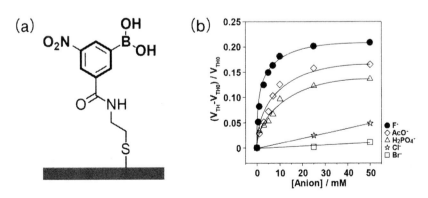

図3　(a)アニオン検出用を指向したフェニルボロン酸修飾型延長ゲート電極，
　　　(b)各アニオン種の濃度増加に伴う閾値電圧の変化

への異物混入や不適切な鮮度管理は，食中毒をはじめとする健康被害を引き起こすことから，食品の状態は常に把握されていることが望ましい。しかしながら，食品製造現場やその流通過程における食品の状態管理は，製造者・消費者の主観的評価に依存しているのが現状である。これは，健康被害を引き起こす化学物質の特定には煩雑な成分抽出操作や大型の分析装置を必要とするためである。我々は，前項の環境分析への適用と同様，製造現場や流通過程における食品の化学的状態を可視化する方法として，有機FETに着目し，アレルゲン物質を検出可能なセンサデバイスの開発に取り組んだ。有機FETの機械的柔軟性を活かすことで，食品包装中にセンサデバイスを組み込むことができれば，製造・流通現場から消費者にいたるまで，食品の状態を一貫して監視することが可能となり，食の安全に大きく貢献するものと考えた。

　まず，生理活性アミンの一種であるヒスタミンをターゲットとした。ヒスタミンは神経伝達物質として生体内において重要な役割を担う一方，ヒスタミンI型受容体と結合し，蕁麻疹などのアレルギー様疾患を引き起こす[12]。とりわけ，ヒスタミンが魚介類・肉類などに多量に含まれていた場合（約1000 ppm）は食中毒の原因となる。食品中のヒスタミンは，必須アミノ酸の一種であるヒスチジンがヒスチジン脱炭酸酵素を有する細菌により分解されることで生成される。これは，食品中のヒスタミン含有濃度を知ることで，ヒスタミン食中毒を防ぐばかりでなく，食品鮮度を可視化することにもつながることを意味する。一般的にその分析には，高速液体クロマトグラフィなどの大型機器を必要とするため，ヒスタミン濃度をオンサイトで常時計測するような手法には適用し難い。また，酵素を用いた電気化学的アミン検出法も存在するが，天然由来物質である酵素は長期安定性に劣ることから，長時間に渡るモニタリングへの適用は困難である。そこで，有機FETにヒスタミン認識能を賦与した化学センサをヒスタミン検出に適用することとした[13]。

　延長ゲート電極を5-カルボキシ-1-ペンタンチオールの溶液に浸漬させ，カルボキシ末端基を有する単分子膜を電極上に形成した（図4(a)）。本電極と有機FETを接続し，水溶液中（MES緩衝液，pH5.5）におけるヒスタミンの滴定実験を試みた。すると，ヒスタミンの濃度増大に伴いトランジスタ特性のシフトが観測され，閾値電圧が変化した。一方で，類似の化学構造を有するヒスチジンに対しては，濃度に依存した変化はほとんど見られなかった（図4(b)）。これは，カルボキシ末端基を有する単分子膜とヒスタミンとの間で静電相互作用ないし水素結合に基づいた捕捉が生じたのに対し，ヒスチジンに対してはそのカルボキシ基間の静電反発によって捕捉されなかったものと解釈することができる。また，その応答濃度範囲より，食中毒を引き起こす約1000 ppm以下の濃度を検出することが可能であることがわかった。

　アレルゲンの検出実験としてはリンタンパク質の一種であるα-カゼインを標的種に選択した。リンタンパク質は，生体内において翻訳後修飾を受けることによって，セリンをはじめとした残基に対しリン酸が付与されたタンパク質の総称であり[14]，なかでも牛乳の主成分であるα-カゼインはアレルゲンとして知られる[15]。巨大分子であるタンパク質の捕捉には，免疫相互作用を活用するものが一般的であり，抗体をその捕捉に適用した酵素結合免疫吸着法（ELISA）や免疫

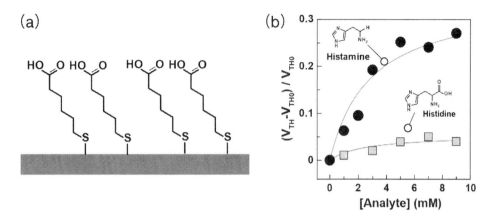

図4　(a)5-カルボキシ-1-ペンタンチオールによって修飾した延長ゲート電極,
　　　(b)ヒスタミンおよびヒスチジンの濃度増加に伴う閾値電圧の変化

クロマトグラフィ法が一般的である。しかしながら，酵素同様に天然由来物質である抗体は長期保存性に難があり，また定量分析のためには分光器などの大型機器を必要とすることから，簡便な分析は困難である。そこで筆者は，リン酸イオン類への結合親和性を有する亜鉛(II)-ジピコリルアミン錯体（Zn(II)-DPA）を単分子膜として電極上に導入し，これをリンタンパク質レセプタとして用いることでα-カゼインの電気的検出に取り組んだ。

　Zn(II)-DPAを修飾した検出電極を用いることで，α-カゼインの濃度増大に伴うトランジスタ特性の変化が観測された。一方で，Zn^{2+}を配位させていないDPAのみを用いた際には，電流値の変化は見られなかった（図5(a)）。このことから，α-カゼインの濃度変化に対する電気的応答は，電極への物理的な非特異吸着ではなく，化学的相互作用により捕捉されたことによるものと推察される。また選択性を確認したところ，α-カゼイン以外へのタンパク質に対する応答はほとんど見られないもしくは弱いことがわかった（図5(b)）。脱リン酸化されたα-カゼインに対してはやや応答が見られたが，これはα-カゼインの脱リン酸化が完全になされていないことに起因する[16]。このように，タンパク質の残基に付与された官能基と人工レセプタ分子間の相互作用に着目することで，天然由来物質を一切用いない検出法の構築ができる。

　これらの結果から，低分子（ヒスタミン）から巨大分子（α-カゼイン）にいたる，食品衛生関連物質を有機FETによって検出可能であることを示すことができた。

2.5　有機FET型センサによる身体情報の可視化

　ここまで，環境や食品の状態を示す標的物質の検出例を紹介してきた。最後に，我々の健康状態を直接的に知るためのアプローチとして，有機FET型化学センサによる単糖類（糖尿病の指標）の検出例や，ウェアラブルセンサを指向したフレキシブルセンサデバイスの開発検討例を紹介する。

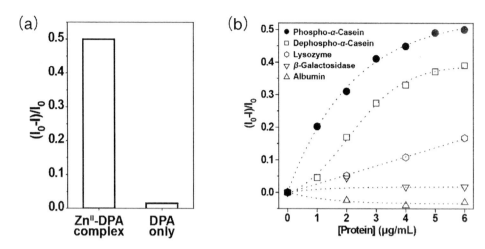

図5 (a)Zn(II)-DPA錯体およびDPA修飾電極におけるα-カゼインへの電気的応答の違い，
(b)様々なタンパク質の濃度増加に伴う出力電流の変化

　糖類は生命維持において欠かすことのできないエネルギー源であるが，糖代謝の異常（＝糖尿病）が進行すると，失明や心臓疾患，脳卒中，腎不全などの深刻な病気を引き起こす。一般的な糖センサとしては，グルコースオキシダーゼやグルコースデヒドロゲナーゼのような酵素を用いたグルコースセンサが流通している一方で，人工糖レセプタによる糖検出も精力的に研究されている。筆者らは，人工糖レセプタとして知られるフェニルボロン酸類[17]に着目し，フェニルボロン酸誘導体を修飾した有機FET型糖センサを試作した[18]。

　2.3項にて記したように，フェニルボロン酸はホウ素原子をもつ官能基であり，当該分子は水中において糖類と動的共有結合に基づくフェニルボロネートエステルを形成する。ここでは，4-メルカプトフェニルボロン酸を用いて延長ゲート電極上に単分子膜を形成させ，糖検出を試みた（図6(a)）。グルコースの滴定実験を行ったところ，グルコースの濃度増加に伴う正側への伝達特性のシフトが観測された。これは，ゲート電極上の負電荷量が増大したことを示唆しており，電極上のフェニルボロン酸がグルコースと結合し，アニオン性フェニルボロネートを形成したことに起因すると思われる。濃度依存性を見てみると，糖尿病診断の指標に用いられる空腹時血糖値（7mM）以上で顕著な電気的応答が得られており（図6(b)），本デバイスは糖センサとして有用であることを示すことができた。一方で，他の単糖類の検出を試みたところ，グルコースだけが異なる応答パターンで比較的強い変化を示すことが見出された（図6(b)）。これらの違いは，グルコース以外の単糖類ではフェニルボロン酸と1：1で結合するのに対して，グルコースはフェニルボロン酸に対し1：2で結合したビスボロネート複合体を形成していることに起因すると推察される[19]。

　有機FET型化学センサを最終的にウェアラブルセンサの形態にまで具現化し，常時身体に貼付した形で健康状態を計測するには，プラスチックフィルム基板上に集積化されることが不可欠

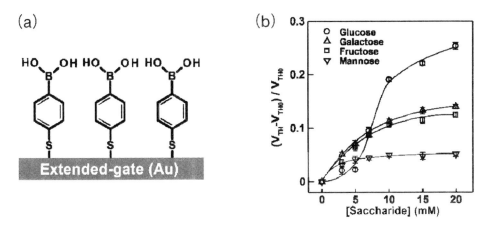

図6　(a)単糖類検出を指向したフェニルボロン酸修飾型延長ゲート電極,
(b)各単糖類の濃度増加に伴う閾値電圧の変化

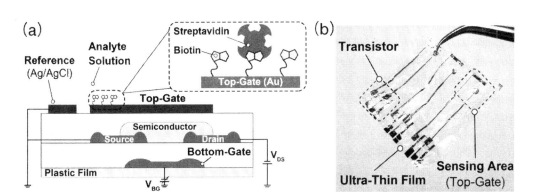

図7　(a)デュアルゲート型有機FETセンサの基本構造,(b)極薄基板上に作製したデバイスの写真

となる。そこで,筆者らはフレキシブル化学センサの試作とその原理実証を試みた。なお,より実践的なアプローチとして,作製プロセスには可能な限り印刷技術の適用を試みている。

　モデルタンパク質としてストレプトアビジンを選択し,当該タンパク質と特異的に結合するビオチン誘導体を検出電極上に導入することで[20],本センサデバイスの分子検出能の調査を行った。図7(a)にそのデバイス構造を示すように,2つのゲート電極(トップゲートとボトムゲート)を有するデュアルゲート型のトランジスタであり,プラスチックフィルム上に印刷法で作製されている。トップゲート電極を検出電極とし,ビオチン誘導体を自己組織的に電極上に固定化した。擬似参照電極にはAg/AgClペーストを用いてトップゲート電極近くに形成した。図7(b)に示すように,極薄いフィルム基板上(1μm厚)[21]に有機FETとビオチンを修飾した検出部の集積化に成功している。これまでの検証において,本デバイスは機械的な負荷に対しても耐性をもつことを確認しており,ウェアラブルセンサのプラットフォームとしての可能性を有している。

　また検出能の確認実験においては，ストレプトアビジン濃度の増加に伴い，明瞭なトランジスタ特性の正電圧側へのシフトが観測された。負電荷を有するストレプトアビジンが電極上に捕獲されていることを示す妥当な結果である。今後は，検出部位に様々な生体関連物質を捕捉し得るレセプタを修飾し，他の標的種の検出に適用することを目指す。

2.6　おわりに

　本節では，有機FETに化学的な分子認識能を賦与することで，原理実証の段階ではあるものの様々な標的化学種の検出が可能であることがわかってきた。従前の定性・定量的な化学分析技術は高い信頼性を有する一方で，大型の測定装置が必要であり，デバイスへの集積化やセンサネットワークへの組み込みは困難であった。有機FET型化学センサの実現により，今回紹介したような環境計測・食品安全・身体情報測定などの様々なシーンへのセンシング技術の普及が見込まれる。このような基盤技術のさらなる開発がすすめられ，無線伝送技術や印刷電子回路[22]をも組み合わせた化学センサチップの早期実現とネットワークへの組み込みが期待される。

文　　献

1)　Y.-J. Hsu, Z. Jia, and I. Kymissis, *IEEE Trans. Electron Devices*, **58**, 910（2011）

2)　T. Minamiki, T. Minami, R. Kurita, O. Niwa, S. Wakida, K. Fukuda, D. Kumaki, and S. Tokito, *Appl. Phys. Lett.*, **104**, 243703（2014）

3)　H. Klauk, U. Zschieschang, J. Pflaum, and M. Halik, *Nature*, **445**, 745（2007）

4)　K. Fukuda, T. Hamamoto, T. Yokota, T. Sekitani, U. Zschieschang, H. Klauk, and T. Someya, *Appl. Phys. Lett.*, **95**, 203301（2009）

5)　T. Minami, Y. Sasaki, T. Minamiki, P. Koutnik, P. Anzenbacher, Jr., and S. Tokito, *Chem. Commun.*, **51**, 17666（2015）

6)　T. W. Clarkson and L. Magos, *Crit. Rev. Toxicol.*, **36**, 609（2006）

7)　D. C. Bebout, A. E. DeLanoy, D. E. Ehmann, M. E. Kastner, D. A. Parrish, and R. J. Butcher, *Inorg. Chem.*, **37**, 2952（1998）

8)　E. Norkus, I. Stalnioniene, and D. C. Crans, *Heteroat. Chem.*, **14**, 625（2003）

9)　T. Minami, T. Minamiki, and S. Tokito, *Chem. Commun.*, **51**, 9491（2015）

10)　L. S. Kaminsky, M. C. Mahoney, J. Leach, J. Melius, and M. J. Miller, *Crit. Rev. Oral Biol. Med.*, **1**, 261（1990）

11)　E. Galbraith and T. D. James, *Chem. Soc. Rev.*, **39**, 3831（2010）

12)　M. V. White, *J. Allergy Clin. Immunol.*, **86**, 599（1990）

13)　T. Minamiki, T. Minami, D. Yokoyama, K. Fukuda, D. Kumaki, and S. Tokito, *Jpn. J. Appl. Phys.*, **54**, 04DK02（2015）

14) L. N. Johnson and R. J. Lewis, *Chem. Rev.*, **101**, 2209 (2001)

15) P. Spuergin, M. Walter, E. Schiltz, K. Deichmann, J. Forster, and H. Mueller, *Allergy*, **52**, 293 (1997)

16) A. Ojida, T. Kohira, and I. Hamachi, *Chem. Lett.*, **33**, 1024 (2004)

17) S. D. Bull, M. G. Davidson, J. M. H. van den Elsen, J. S. Fossey, A. T. A. Jenkins, Y.-B. Jiang, Y. Kubo, F. Marken, K. Sakurai, J. Zhao, and T. D. James, *Acc. Chem. Res.*, **46**, 312 (2013)

18) T. Minami, T. Minamiki, Y. Hashima, D. Yokoyama, T. Sekine, K. Fukuda, D. Kumaki, and S. Tokito, *Chem. Commun.*, **50**, 15613 (2014)

19) V. L. Alexeev, A. C. Sharma, A. V. Goponenko, S. Das, I. K. Lednev, C. S. Wilcox, D. N. Finegold, and S. A. Asher, *Anal. Chem.*, **75**, 2316 (2003)

20) A. Chapman-Smith and J. E. Cronan, Jr., *J. Nutr.*, **129**, 477S (1999)

21) K. Fukuda, Y. Takeda, Y. Yoshimura, R. Shiwaku, L. T. Tran, T. Sekine, M. Mizukami, D. Kumaki, and S. Tokito, *Nat. Commun.*, **5**, 4147 (2014)

22) K. Fukuda, T. Minamiki, T. Minami, M. Watanabe, T. Fukuda, D. Kumaki, and S. Tokito, *Adv. Electron. Mater.*, **1**, 1400052 (2015)

3　CMOS技術によるインプランタブル生体センサ

徳田　崇[*1]，竹原宏明[*2]，野田俊彦[*3]，
笹川清隆[*4]，太田　淳[*5]

3.1　はじめに

　バイオセンシング，とりわけフレキシブルなセンサ技術を実現するために，各種の材料系を用いた多様な取り組みがなされている。生体組織を広く柔軟にカバーすることが求められるセンシング技術の場合，柔軟性に富みコスト面でメリットの期待される薄膜材料・デバイスが有利である。しかし一方で，センシング機能の高度化や信号処理の集積化などの面では，半導体，特にCMOS集積回路技術によるセンサデバイスの優位性は依然として大きい。我々は，生体埋め込みCMOSイメージセンサ技術を起点として，各種のバイオセンシング技術の開発に取り組んできた。本稿では，CMOS技術によるインプランタブルセンサ技術の特徴と課題について，我々の開発したインプランタブルグルコースセンサを紹介しながら論じる。

3.2　CMOSチップ搭載インプランタブルセンサに求められる特徴

　CMOSセンサチップでは，本来の機能性である電気による生体計測や生体刺激のほか，可視～近赤外域の光を計測することも可能である。また，これらにイオンや分子に対する感応膜など種々の変換媒体を組み合わせることで多様な計測を実現できる。集積回路技術の特長を利用することで，多チャンネル化や2次元イメージングなどの高度機能を搭載することができるだけでなく，計測の制御や外部からのワイヤレス給電や信号送出などを行うための機能を集積化することも可能である。

　一方で，CMOSチップを生体に埋め込んで利用するためには構造上の様々な工夫を施す必要がある。もとよりすべての生体埋め込みデバイスにいえることであるが，CMOSチップを生体組織の近くで用いる場合，チップ側面や裏面，エッジの形状を考慮した，薄くて高性能な防水構造が必要である。加えて電気的な計測や刺激を行う場合には，防水性の包埋材料を貫通する電極が必要となり，電極周辺からの生体液の浸潤に対するケアも必要となる。長期的に見れば，生体環境は強い浸食力・腐食力を示すため，長期利用を目指すためには高い耐久性が求められる。また，用途に応じて生体反応によるタンパク質の析出や細胞の付着などにもケアする必要がある。現在までに，用途に合わせ，金属ケーシング材料としてはTi（チタン）や生体適合性ステンレス，有

＊1　Takashi Tokuda　奈良先端科学技術大学院大学　物質創成科学研究科　准教授

＊2　Hiroaki Takehara　奈良先端科学技術大学院大学　物質創成科学研究科　特任助教
　　　　　　　　　　　（現）東京大学　大学院工学系研究科　マテリアル工学専攻　助教

＊3　Toshihiko Noda　奈良先端科学技術大学院大学　物質創成科学研究科　助教

＊4　Kiyotaka Sasagawa　奈良先端科学技術大学院大学　物質創成科学研究科　助教

＊5　Jun Ohta　奈良先端科学技術大学院大学　物質創成科学研究科　教授

機系包埋材料であれば生体適合性シリコーンやポリイミド，パリレン（ポリパラキシリレン）が利用されている。また生体電極として，W（タングステン）やPt（白金）のほかIrOxやTiNxなどの化合物系の高性能電極も利用されている。しかしながら，機能性・耐久性・生体適合性（もしくは低生体反応）において万能といえる材料は現在のところ存在しない。

　我々のCMOSベースインプランタブルデバイスでは，以下のような構成を採用している。

- 入出力に必要な配線を少なくするための回路構成（省配線動作）
- パッケージ構造を想定したチップ上の接続端子（パッド）の配置
- ターゲットとする生体組織に合わせたサイズや外形ライン
- 半導体産業向けポリイミドフレキシブル基板を利用
- エポキシ材料による構造形成＋パリレンコーティングによる生体適合性コーティング
- PtもしくはIrOx系の生体適合性電極

　研究用途であるため内部の配線材料についてはCuなどを用いているが，デバイスの最外周をパリレンコーティングすることにより，数カ月程度までの生体適合性を確認して利用している。

3.3　インプランタブルCMOSイメージセンサによるグルコースセンシング

　本稿では，IoT指向のCMOSベースバイオインプランタブルセンサとして，我々が開発した蛍光方式生体埋め込みグルコースセンサを紹介する。

　現在までに実用化されている代表的な血糖測定技術は，自己血糖測定（Self monitoring of blood glucose, SMBG）および連続血糖測定（Continuous glucose monitoring, CGM）である。これらはいずれもグルコースと選択的に反応する酵素を利用し，主に電気化学的な方法で定量計測を行っている。対して我々のインプランタブルグルコースセンサでは，東京大学およびBEANS研究所が開発したグルコース応答性蛍光ハイドロゲル[1,2]を用いた蛍光方式のグルコース計測を利用する[3~5]。

　図1に，我々のグルコースセンサの構造（例）を示す。このインプランタブルグルコースセンサは，我々が開発してきた生体埋め込みCMOSイメージセンサ技術[6~9]を，グルコース応答性蛍光ハイドロゲルおよび励起光源と組み合わせたものである。

　幅1mm以下のポリイミドフレキシブル基板の先端に，専用設計の超小型CMOSイメージセンサ，蛍光ゲル励起用のGaInN UV LED（ベアチップ）を搭載している。CMOSイメージセンサの画素アレイ上には，散乱された励起光を吸収し，蛍光のみを計測するための励起光抑制フィルタ層を搭載している。さらにこのセンサコアにチューブ状の外装をとりつけ，グルコース応答性蛍光ハイドロゲルを充填した。インプランタブルグルコースセンサに搭載したCMOSイメージセンサの例を図2に，表1に諸元を示す。なお現時点では，このセンサは電力供給および信号出力を有線で行う部分埋め込み型である。

　CMOSセンサ部は，0.35μmルールの標準CMOSプロセスによって実現されたイメージセンサである。画素サイズは7.5μm角であり，3トランジスタ型アクティブピクセルセンサと呼ばれる

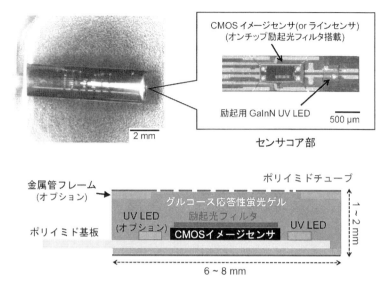

CMOSイメージセンサ(or ラインセンサ)
(オンチップ励起光フィルタ搭載)

励起用 GaInN UV LED

500 μm

2 mm

センサコア部

図1　CMOSベースインプランタブルグルコースセンサの構造（例）

一般的な回路構成である。脳機能計測などを目的とする埋め込みイメージングの場合，センサ表面（フィルタを搭載する場合あり）を，直接脳組織に接触させて計測を行う[6~9]が，本グルコースセンサにおいては，図1の構造図に示すように，センサに搭載したグルコース応答性ハイドロゲルからの蛍光を計測する。現時点では，センサを血管内ではなく組織内に留置して細胞間質液のグルコース濃度を計測する。グルコース応答性蛍光ハイドロゲルはセンサ外部の細胞間質液との間でグルコースを交換し，グルコース濃度に応じた蛍光強度変化を示す[1, 2]。もし均一に励起光を照射できる系であれば，イメージとして計測する必要性はなく，光検出素子は1つだけで済むことになる。しかし実際には，蛍光ゲルに埋め

200 μm

図2　インプランタブルCMOS
イメージセンサ（例）

表1　インプランタブルCMOSイメージセンサの諸元（例）

プロセス	0.35 μm 2-poly，4-metals標準CMOS
センササイズ	320 μm×790 μm
画素サイズ	7.5 μm×7.5 μm
画素数	30×60
画素回路	3-Tr Active Pixel Sensor（APS）
動作電圧	3.3V

込まれた励起用UV LEDから励起光を照射するため，励起強度には大きな分布があり，結果として蛍光強度にも分布が生じる。そのため，イメージセンサを利用して蛍光分布を把握することが有効である。我々は，開発初期段階は2次元的なイメージを取得するCMOSイメージセンサを検出素子として用い[3, 5]，現在はセンサの長軸方向に1次元的に画素をもつラインセンサを適宜導入している[4]。本稿では主にイメージセンサを搭載したグルコースセンサの特性を紹介する。

　センサの基礎特性は，生体内ではなく，シャーレなどの容器でセンサをグルコース溶液に浸漬して行う*in vitro*計測によって評価した。前述のように本センサは有線駆動型であり，制御ボードに接続して駆動する。制御ボード自体には，有線タイプと無線タイプの両方があり，用途に応じて適宜使い分けている[3, 5]。

　図3(a)に，本センサでのグルコース計測の際に得られる蛍光画像の例を，(b)に画像内のいくつかの画素において得られた検量線を示す。図3(a)に見られるように，LEDに近いイメージ上辺付近では画素値が飽和しているが，イメージの中央や下辺付近ではグルコース濃度依存的な輝度上昇が確認できる。この画素変化は，図3(b)に見られるように，画素位置によって感度は異なるが，いずれもグルコース濃度に対して線形に近い単調増加を示している（飽和している領域を除く）。計測感度の画素位置依存性は，イメージ上辺に接するように励起光源が配置されていることによる。感度をあらかじめ把握しておけば，励起LEDに近い画素で強励起・高感度測定が，LEDから離れた画素で低励起・ワイドレンジ測定が同時に実現できることになる。このように，一回の計測（イメージング）で異なる感度のデータを一度に取得することができる。

　異なる感度で同時測定できる特性がメリットとなるためには，センサの感度が利用期間を通じて安定している必要がある。本センサの感度に最も影響するのがグルコース応答性ハイドロゲルの蛍光性能の経時変化である。多くの蛍光色素同様，グルコース応答性ハイドロゲルは強い励起光に長時間さらされると蛍光強度が小さくなる退色を示す。しかし，グルコース応答性蛍光ゲルのみラットの耳に埋め込んだ場合，140日経過後もグルコース計測機能を維持していることが報

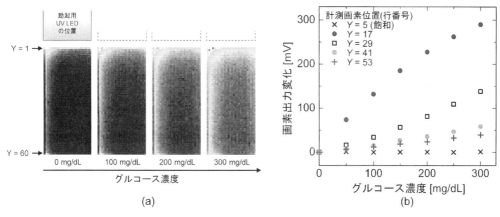

図3　グルコースセンサで得られる(a)蛍光イメージの例，および(b)検量線の例

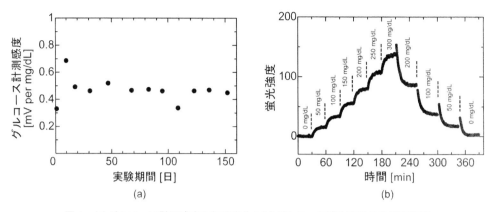

図4　(a) グルコース計測感度の経時変化と(b) グルコース濃度変化の計測実験例

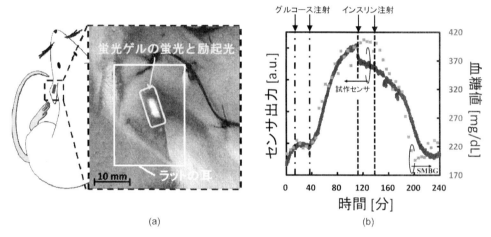

図5　ラット耳における急性*in vivo*実験の(a) セットアップおよび(b) 実験結果

告されており[2]，CMOSセンサ搭載型でも同程度以上の性能維持が期待される。さらに本センサでは，短時間（1秒以内）での高感度蛍光計測が可能なCMOSセンサと励起光源の動作を同期させることで励起光照射時間を最小化できるため，退色抑制の観点からも有利である。

　図4(a)に，本センサを36℃の生理食塩水に浸漬し，2週間おきに動作テストを行って得た感度の経時変化を示す。図4(b)は一回の計測において得られるグルコース濃度変化の計測例である。図4(a)に見られるように，実験開始後150日においても，大きな感度の低下は見られず，本センサの計測性能が5ヶ月を超えて維持されることが確認できた。

　実際の生体におけるグルコースモニタリング実験も行った[4]。図5(a)に実験セットアップを，(b)に得られたデータの例を示す。試作センサをラットの耳に埋植して細胞間質液からのグルコース計測を実施した。当該実験は，東京大学生産技術研究所の竹内昌治教授，興津輝特任教授の協

力のもと東京大学の動物実験指針を遵守して行った。実験は麻酔下で行い，グルコースおよびインスリンを注射することによって血糖値変化を引き起こした。図5(b)では，比較のために既存の自己血糖測定（SMBG）によって計測した血糖値もプロットしている。我々のセンサで得られた信号強度の推移を，上限・下限を合わせてプロットしたところ，SMBGで計測された血糖値をよく反映したデータが得られていることがわかる。図5(b)の約110分の位置に見られる出力データの不連続は，インスリン注射時にラットの体位が変化したためと推測される。

　図5(b)の結果に見られるように，グルコース計測の基本的機能性は確認できたといえる。一方で，麻酔下での体位の変化によって信号が大きく変化することや，外部光によるデータずれに対する対策が現状の課題である。また，長期的な生体内での性能評価も行う必要がある。さらに，ワイヤレス電力伝送・信号出力機能の搭載により，現在の有線駆動・部分埋め込み型から，完全埋め込み型センサへの高度化にも取り組んでいく。

3．4　CMOS搭載型フレキシブルバイオデバイスの実現

　ここまでに述べたインプランタブルグルコースセンサは，サイズが直径1mm程度，長さが6mm程度と小さく，必ずしもフレキシビリティを備える必要はない。しかし，たとえば脳や眼球を対象とするイメージングや刺激においては，曲面形状の生体組織にフィットするデバイス構造を実現する必要が生じる。CMOSチップ搭載型デバイスで柔軟なデバイス構造を実現するために，我々はマルチチップアーキテクチャと呼ぶ構造を提案・導入している[10～12]。

　マルチチップアーキテクチャでは，小型化したCMOSチップを，フレキシブル基板に適当な間隔で搭載することで，利用対象の生体組織の形状にフィットしつつ，CMOS集積回路の機能性を利用することができる。図6に，マルチチップアーキテクチャで実現した，CMOSベースインプランタブルデバイスの例として，動物実験向け網膜刺激デバイスの(a)構造と(b)外観写真を示す。このデバイスでは，9個の神経刺激電極を備えた600μm角のCMOS神経刺激チップを4個，フレキシブル基板上に搭載し，図6(b)に見られるように優れた屈曲性を実現した。このマルチチップアーキテクチャは人工視覚だけでなく，汎用のインプランタブルデバイスに利用可能であり，CMOSチップの高機能性を利用しながら，生体にフィットするデバイスの構造として有効である。

3．5　まとめと将来展望

　本稿では，我々が取り組むCMOS技術によるインプランタブルセンサデバイス技術について概説し，CMOSチップを搭載したフレキシブルデバイスを実現する構造を紹介した。CMOS搭載型インプランタブルセンサ技術は発展途上であり，特にパッケージング技術を中心に，未解決の課題と大きな発展の余地がある。我々は今後も開発を続けていき，新しいバイオ・医療デバイス技術という新分野開拓に取り組んでいく。

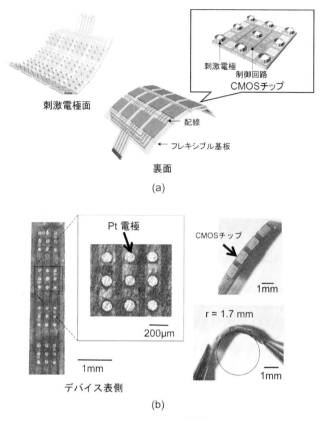

図6　マルチチップアーキテクチャによるCMOS搭載フレキシブル網膜刺激デバイスの
　　　(a) 構造と (b) 外観写真

謝辞

　インプランタブルグルコースセンサ研究は，東京大学生産技術研究所竹内昌治教授，興津輝特任教授との共同研究である。グルコース応答性蛍光ハイドロゲルは㈱テルモより提供を受けた。本研究の一部は科学研究費補助金基盤研究B#23360157によって行われた。CMOSチップの設計は，東京大学大規模集積システム設計教育研究センターを通しケイデンス㈱の協力で行われた。

文　　献

1)　H. Shibata, Y. J. Heo, T. Okitsu, Y. Matsunaga, T. Kawanishi, and S. Takeuchi, *Proc. Natl. Acad. Sci. U. S. A.*, **107**, 17894-17898（2010）

2)　Y. J. Heo, H. Shibata, T. Okitsu, T. Kawanishi, and S. Takeuchi, *Proc. Natl. Acad. Sci. U. S. A.*, **108**, 13399-13403（2011）

3)　T. Tokuda, M. Takahashi, K. Uejima, K. Masuda, T. Kawamura, Y. Ohta, M. Motoyama, T.

Noda, K. Sasagawa, T. Okitsu, S. Takeuchi, and J. Ohta, *Biomedical Optics Express*, **5**(11), 3859–3870（2014）

4) T. Kawamura, K. Masuda, T. Hirai, Y. Ohta, M. Motoyama, H. Takehara, T. Noda, K. Sasagawa, T. Tokuda, T. Okitsu, S. Takeuchi and J. Ohta, *Electronics Letters*, **51**(10), 738–740（2015）

5) T. Tokuda, T. Kawamura, K. Masuda, T. Hirai, Hironari Takehara, Y. Ohta, M. Motoyama, Hiroaki Takehara, T. Noda, K. Sasagawa, T. Okitsu, S. Takeuchi, and J. Ohta, *IEEE Design & Test*, **33**, 37–48（2016）

6) D. C. Ng, T. Tokuda, A. Yamamoto, M. Matsuo, M. Nunoshita, H. Tamura, Y. Ishikawa, S. Shiosaka, J. Ohta, *Jpn. J. Appl. Phys.*, **45**(4B), 3799–3806（2006）

7) T. Kobayashi, M. Haruta, K. Sasagawa, M. Matsumata, K. Eizumi, C. Kitsumoto, M. Motoyama, Y. Maezawa, Y. Ohta, T. Noda, T. Tokuda, Y. Ishikawa, and J. Ohta, *Scientific Reports*, **6**, Article number: 21247（2016）

8) Y. Sunaga, H. Yamaura, M. Haruta, T. Yamaguchi, M. Motoyama, Y. Ohta, H. Takehara, T. Noda, K. Sasagawa, T. Tokuda, Y. Yoshimura, and J. Ohta, *Jpn. J. Appl. Phys.*, **55**(3S2), 03DF02（2016）

9) M. Haruta, Y. Sunaga, T. Yamaguchi, H. Takehara, T. Noda, K. Sasagawa, T. Tokuda and J. Ohta, *Jpn. J. Appl. Phys*, **54**., 04DL10（2015）

10) T. Tokuda, Yi-Li Pan, A. Uehara, K. Kagawa, M. Nunoshita, J. Ohta, *Sensors & Actuators A*, **122**(1), 88–98（2005）

11) T. Tokuda, K. Hiyama, S. Sawamura, K. Sasagawa, Y. Terasawa, K. Nishida, Y. Kitaguchi, T. Fujikado, Y. Tano, and J. Ohta, *IEEE Transactions on Electron Devices*, **56**(11), 2577–2585（2009）

12) T. Tokuda, Y. Takeuchi, Y. Sagawa, T. Noda, K. Sasagawa, K. Nishida, T. Fujikado, and J. Ohta, *IEEE Trans. Biomed. Circuits and Systems*, **4**(6), 445–453（2010）

4　柔軟なウェアラブルデバイスに向けた銀ナノワイヤ配線の開発

荒木徹平[*1]，菅沼克昭[*2]，関谷　毅[*3]

4.1　はじめに

　本稿では，ウェアラブルデバイスの柔軟性向上に向けて，材料の要求される機械的性質を述べたのち，ストレッチャブル配線の開発動向を紹介し，開発した透明性や伸縮性を有する銀ナノワイヤ配線技術について報告する（図1）。

4.2　ウェアラブルデバイス用材料に求められる機械的性質

　最近，衣服や皮膚に貼り付けて生体信号取得を行うことを目的としたウェアラブルデバイスの開発が盛り上がりを見せている。ウェアラブルデバイスは，IoTにおいて実空間とサイバー空間を繋ぐインターフェースとして重要な役割を担う。しかし，従来のエレクトロニクスは，人の動作（曲げ・ねじり・伸縮・圧縮など）に追従可能な機械的柔軟性を備えていないため，高い装着感および皮膚との摩擦による炎症を引き起こしていた[1~3]。そこで，着け心地がよく，生体親和性の高いウェアラブルデバイスの実現に向けて，柔軟な電子材料やデバイス構造の技術開発が盛んに行われている[1~15]。

　ウェアラブルデバイスに適応される電子材料は，高伸長や低弾性といった柔軟性を有することが理想である。従来のエレクトロニクスに使用されているシリコン半導体や金属・セラミックスなどの汎用電子部品は，高性能ではあるものの，GPaレベルの弾性率および数％歪以下の伸長性を示して非常に硬い材質である。一方，人の動きにより生じる関節部の歪は数％～50％程度[16]であり，皮膚自身の歪はさらに大きく35～115％[17]である。また，臓器はkPaからMPaオーダ[1~3]の

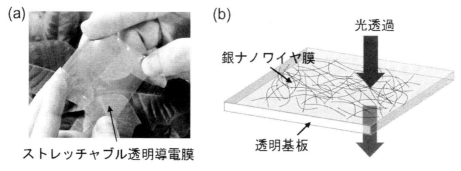

図1　銀ナノワイヤ透明導電膜
(a)外観と(b)模式図。

＊1　Teppei Araki　大阪大学　産業科学研究所　助教

＊2　Katsuaki Suganuma　大阪大学　産業科学研究所　教授

＊3　Tsuyoshi Sekitani　大阪大学　産業科学研究所　教授

弾性率を有しており，豆腐並みに柔らかい部位も存在する。そのため，生体親和性の高いウェアラブルデバイスの実現には，ポリマーやエラストマー，ゲルなど高伸縮性かつ低弾性率の有機材料を使用した電子デバイス材料の開発が望まれる。

4.3　ストレッチャブル配線の開発動向

　伸縮性を有する配線（ストレッチャブル配線）は，電子デバイスが外力により変形した際でも電気的な接続信頼性を失わない。有機半導体などの能動素子は曲げ耐久性に優れるものの，伸長時には著しく特性が劣化する。そこで，電子デバイスの柔軟性を向上させるため，ストレッチャブル配線を曲げ耐久性ある素子へ接続するケースが多く試みられている。ストレッチャブル配線を作製するためのアプローチは大きく分けて2つある。①従来の電子デバイス作製技術である蒸着・スパッタ・フォトリソグラフィなどを用いて2次元バネ形状のパターニングを行い，パターニングに重きを置くケース。②プリンタブルエレクトロニクスと呼称される湿式の印刷プロセスに向けて，ストレッチャブル配線材料の開発に重きを置くケース。これらの手法により開発されたストレッチャブル配線の伸長前抵抗率と最大伸長歪を導電性物質ごとにまとめた（図2）[10~12, 18~33]。なかでも金属粒子分散型ペーストの印刷体や2次元バネなどのストレッチャブル配線は，2倍程度から6倍近く伸長可能であり，スマート衣服や生体センサなどのメディカル・ヘルスケア分野[1~4]だけでなく，人工筋肉や人工皮膚などのロボティクス分野[5~11]，フレキシブ

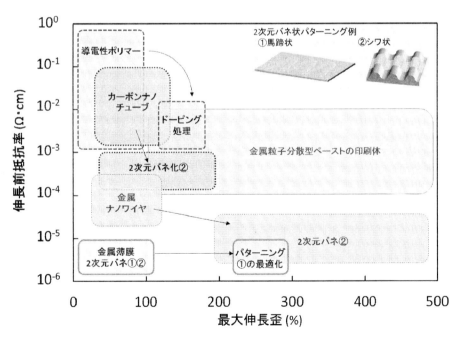

図2　ストレッチャブル配線の伸長前抵抗率と最大伸長歪
図中には，各導電性材料に関して，高伸長化のための技術を示した[10~12, 18~33]。

ル太陽電池・ディスプレイなどの家電分野[12~15]においても重要な材料であると考えられている。

金属薄膜配線は，カーボンナノチューブ（CNT）や導電性ポリマーに比べると低い抵抗率を示すが，一方でそれ自身は伸長性に乏しい。しかし，金属薄膜配線はエラストマー基板上へ2次元パターニングすることにより伸長性を向上可能である。Lacourらのグループは，予め伸張（プレストレッチ）させておいたPDMS基板へ金蒸着後，伸長緩和してシワ状のストレッチャブル配線を形成した[18]。配線の厚みや幅などを調整して最適なシワ構造を構築し，100%歪まで伸長可能なシワ状薄膜配線が開発されている。イリノイ大のRogersグループは，金属薄膜配線をエッチングにより馬蹄状にパターニングし，2倍近く伸長可能なストレッチャブル配線を形成した（図2）[5,6]。馬蹄状の配線は，1つの馬蹄形状を円に近づけることで3倍近く伸長可能なストレッチャブル配線になることが知られている[19]。つまり，金属薄膜を用いる場合は，従来の電子デバイス技術と2次元バネ状のパターニングを組み合わせることによりストレッチャブル配線が形成可能である。

導電性ポリマーやCNT，金属ナノワイヤ，金属粒子などの材料は，湿式プロセスが可能であり，印刷によりエレクトロニクス製造を行うプリンタブルエレクトロニクスへの応用が期待されている。印刷プロセスは，従来の電子デバイス製造プロセスに比べると，必要量を必要箇所に形成可能なため低環境負荷である。湿式プロセスには，印刷以外にも塗布やドロップキャスト，スプレーなどの方法があり，いずれも簡便なプロセスのため，高スループット製造につながる。

エラストマー基板上形成された導電性ポリマーやCNT，金属ナノワイヤの導電膜は，2倍程度伸長しても導電性を維持可能である（図2）[20~25]。PEDOT：PSS（ポリ(3,4-エチレンジオキシチオフェン)-ポリ(スチレンスルホン酸)）は，ドーパントであるPSSにより高導電性や水系分散機能を発現している。フッ素系界面活性剤Zonylを添加することで，PEDOT：PSS導電膜の導電性と伸縮性はさらに向上する[20]。一方，CNTや金属ナノワイヤの導電膜は，1次元ナノ形状（直径に対するワイヤ長が大きく，高アスペクト比の形状）のワイヤで構成されるランダムネットワークによって導電性を発現している（図1）。この高アスペクト比ワイヤで構成されるランダムネットワークは，伸長中でもワイヤ同士の接触を失いづらく，2倍近くまで伸長可能である。CNTや金属ナノワイヤにおいても，アルコールなどの溶液を用いてインク化が可能であり，PEDOT：PSS同様に湿式プロセスにより導電膜が形成される。CNTや金属ナノワイヤで形成した導電膜の伸長性向上は，プレストレッチによりワイヤ自身や導電膜自身をシワ状へ成型することで実現できる[11,26~29]。これらの新規導電性物質による導電膜は，伸縮性を有するだけでなく，透明性も有する膜として利用が期待されている。

印刷可能なストレッチャブル配線材料として，エラストマーをバインダーとして金属粒子やカーボンナノ材料を分散させたペーストの開発が進められている。例えば，東大・染谷グループは，CNTとイオン性液体，フッ素系ポリマーを混ぜて作製したペーストは，印刷・キュア後に抵抗率1.8×10^{-2}Ωcm，118%歪までの伸張性を示した[12]。この印刷可能なストレッチャブル配線をスクリーン印刷によりパターニングしてOLEDアレイが実現されている。2015年には，フッ素

系樹脂のバインダー内で銀フレークを偏析させたストレッチャブル配線を開発し，$1.4 \times 10^{-3} \Omega$ cmまで抵抗率の改善，215%歪まで伸長性を向上した[30]。Chunらは，CNT，銀フレーク，銀粒子，イオン性液体，フッ化ポリビニリデン共重合体を用いてストレッチャブル配線を開発し，抵抗率$1.8 \times 10^{-4} \Omega$ cmと140%歪までの伸張性を実現した[31]。一方で，異種材料への密着性に優れるポリウレタンをベースとした銀フレーク／ポリウレタン配線を作製した場合，5倍以上伸長させても低抵抗値を維持するストレッチャブル配線が得られる[32]。このように，エラストマーへフィラー添加した複合材料では，印刷により簡便にストレッチャブル配線を形成できるだけでなく，パターニング形状の最適化やプレストレッチを行う必要がない。

4.4　銀ナノワイヤを用いたストレッチャブル配線技術

　これまで，カーボン材料（CNT，グラフェン[33, 34]），導電性ポリマー，金属ナノワイヤなどの新規物質を使用したストレッチャブル配線の開発例が多い。なかでも，金属ナノワイヤ導電膜は，高導電性を示すため配線を微細化する際に有利である。また，導電膜内で高アスペクト比のワイヤが構成するランダムネットワークは，隙間から光透過を許容するため透明導電膜としても利用可能である（図1）。本項では，銀ナノワイヤを用いた伸縮性や透明性を有する配線技術（図3）に関して報告する[36, 37]。

　非接触式の印刷方法は，印刷時に予め形成されている素子へ物理的ダメージを与えないというメリットがある。しかし，代表的な非接触技術であるインクジェット印刷において，コーヒーリング現象を抑制するための高粘度インク，およびストレッチャブル配線に有利な高アスペクト比粒子を含有するインクを印刷した場合，ノズルの詰まりが生じてプロセス信頼性が低下する。一方，Laser Induced Forward Transfer（LIFT）と呼ばれる非接触印刷技術（図3）[29, 35~38]は，インク粘度やインクに含有している粒子形状の影響が少ない非接触印刷技術であり，従来の印刷

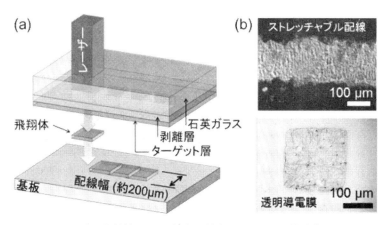

図3　非接触のレーザー転写技術LIFTによる配線形成
(a)模式図，(b)銀ナノワイヤをターゲット層に用いて作製した，ストレッチャブル配線および透明導電膜。

技術にはない利点を有する。そのため，非接触方式であるLIFTは，高粘度インクや高アスペクト比の銀ナノワイヤインクの印刷が可能である[29,38]。

　LIFTの動作機構について述べる。ドナーは透明支持基板，剥離層，およびターゲット層で構成されている。レーザー光が透明支持基板を通過して剥離層へ到達すると，剥離層が光を吸収して分解・気化する。その際に生じる体積変化により，ターゲット層は推進力を得てアクセプタ基板上へ着弾する。今回，248 nmの波長を有するエキシマレーザー，透明支持基板には石英ガラス，剥離層には厚み150 nmトリアゼンポリマーを用いた。ターゲット層は，銀ナノワイヤをドロップキャスト後，樹脂溶液をスピンコートによりオーバーコートして形成した。樹脂溶液は，飛翔中の銀ナノワイヤネットワークを保持するために重要である。今回のセットアップでは，トリアゼンポリマーへレーザーを照射すると，直ちにトリアゼンポリマーが気化して銀ナノワイヤ層の一部を押し出し，銀ナノワイヤのネットワークがアクセプタ基板上へ転写される。

　LIFTにおいて，転写体がレーザー光の断面積に近いほど，狙った形状の転写体であるといえる。また，銀ナノワイヤを転写した際に，ネットワークが崩壊してしまうと，印刷後に導電性ネットワークは得られない。レーザーエネルギーを変化させて，転写体の面積や外観を観察した。その結果を図4に示す。レーザーエネルギーが70 mJ/cm²以下の場合，剥離層が完全に気化せずに不完全な転写であった。一方，エネルギーが80 mJ/cm²以上と高すぎると，レーザーは剥離層を完全に切断してターゲット層へ到達している可能性が高く，結果として銀ナノワイヤのネットワークが崩壊していた。最適なレーザーエネルギー帯域は70〜80 mJ/cm²であった。この帯域において，転写体の面積はレーザー光の断面積に近く，かつ転写体の銀ナノワイヤは顕著なネットワーク崩壊をしていなかった。

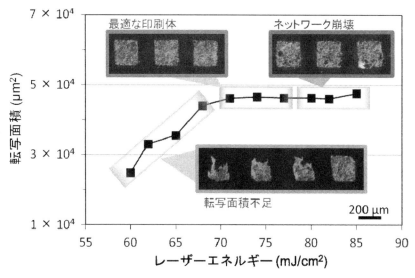

図4　レーザーエネルギーを変化させた際の転写体の面積および外観観察

LIFTにより作製した微細配線を用いてストレッチャブル配線を形成した。微細配線は，LIFTで得られる転写体の1ドットを繋ぎ合わせることで形成した（図3）。配線の体積抵抗率は，ガラス基板上に形成した際，幅200μm・厚み1μmにおいて$6.4\times10^{-4}\Omega$cmであった。ポリウレタン基板を用いて50%歪のプレストレッチにより作製した配線は，約30%歪において伸長前の1.3倍以内の抵抗値上昇に留まっていた。さらに50%歪まで伸長させると，初期抵抗値の1.8倍にまで抵抗値が上昇した。プレストレッチの歪を100%歪まで増加させて作製したストレッチャブル配線は，100%歪まで伸長させても1.6倍までの抵抗値上昇に留まっていた。LIFTにより作製された微細配線は，プレストレッチ技術と組合わせることで，2倍程度の伸張性を得ることができた。プレストレッチ時の歪を増加すると，2倍以上の伸長性が得られると期待できる。

LIFTにより非接触でストレッチャブル配線をパターニングしてLEDデバイスの作製を行った（図5）。LEDチップや電極パッドは，ポリウレタン基板上へ埋め込まれており，曲げや伸長などの外力によって剥離しないようにシランカップリング剤により表面処理がなされている。この素子埋込型ポリウレタン基板を用いて，ストレッチャブル配線を50%歪のプレストレッチにより形成した。しかし，柔らかい基板と硬いチップの界面では応力集中が生じる[39, 40]ため，配線自身はその局所的な応力によって破壊されやすい。そこで，配線端部は導電性接着剤で補強した。作製したLEDデバイスは，曲げや伸縮時にも動作していた（図5(b)(c)）。また，デバイスは，半径2mmの棒に100回巻き付けても点灯し続け，数十回の伸縮にも耐久性を有していた。

透明導電膜は，タッチパネルや太陽電池，ディスプレイなどのアプリケーションにおいて，重要な役割を果たしている。透明導電膜として従来使用されている酸化インジウムスズ（ITO）などの金属酸化物は，脆性を有するためポリマーを用いた柔軟なエレクトロニクスには不向きで

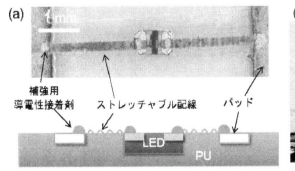
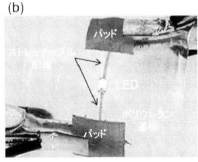

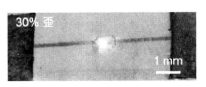

図5　銀ナノワイヤストレッチャブル配線を用いたLEDデバイス
(a)外観図と模式図，(b)曲げや(c)伸長中におけるLED点灯試験。

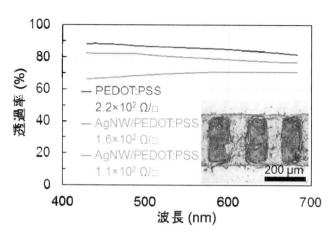

図6　LIFTにより形成された透明導電膜の光透過率スペクトル
挿入図は銀ナノワイヤ（AgNW）とPEDOT：PSSのコンポジット微細配線の外観図。

あった[41]。対して，金属ナノワイヤは，高導電性や高透明性を有するフレキシブル導電膜となる
だけでなく，湿式プロセスで印刷形成できるため魅力的である。すでに，銀ナノワイヤ透明導電
膜は，比較的大型のオールインワン（AIO）パソコンなどの透明導電膜部材として採用され始め
ており，近い将来，有機太陽電池や有機照明，タッチパネルなど[15, 42～46]へ広く応用されること
が期待されている。

　銀ナノワイヤ透明導電膜をLIFTにより非接触印刷するために，ドナーの構造を改めた。ター
ゲット層のオーバーコート剤にPEDOT：PSSを用いた。導電性ポリマーは，非導電性の樹脂溶
液に比べて，銀ナノワイヤの導電性ネットワークを補助するために有効である。しかし，
PEDOT：PSSはトリアゼンポリマーを侵食したため，剥離層に耐薬品性の高いポリエチレンテ
レフタレート（PET）を採用した。厚み60 nmのPET層は，波長248 nmにおいて厚み150 nmの
トリアゼンポリマー層と同じ光学特性であり，剥離層として十分機能した。図3（b）より，ダメー
ジなく銀ナノワイヤ透明導電膜を転写できていることが確認できる。転写体の光透過率は，顕微
分光測定器（DM2700, Leica MicrosystemsおよびMSP-400 w, J & M Alalytik）により計測した。
　PEDOT：PSSのみおよび銀ナノワイヤ／PEDOT：PSSをターゲット層に用いて転写体を形成
し，光学特性と電気特性を比較した。図6は，転写体の透過率スペクトルおよびシート抵抗の結
果である。可視光下において，いずれの転写体もフラットな透過率を有している。また，
PEDOT：PSSのみの転写体はシート抵抗$2.2×10^2$ Ω/sq.を示し，波長550 nmにおいて光透過率
86%であった。銀ナノワイヤの含有率を増やしていくと，単位面積当たりのナノワイヤの密度が
上昇して開口率が下がるため，光透過率は80%と70%へ減少した。一方で，シート抵抗は改善さ
れて順に$1.6×10^2$ Ω/sq.および$1.1×10^2$ Ω/sq.を示した。今回，新たなドナー構造において，銀ナ
ノワイヤ透明導電膜の非接触パターニングが可能であることを明らかにした。銀ナノワイヤを用
いた非接触印刷は，すでに形成されている素子へダメージを与えることなくオンデマンドに透明

導電膜やストレッチャブル配線をパターニングできるため，少量多品種生産の配線パターニング時，導電性膜の部分的な補修時，積層印刷時などにおいて今後さらなる展開が期待される。

4.5　まとめ

　本稿では，柔軟なウェアラブルデバイスに必要な機械的特性に関して吟味し，身体動作や生体物性を考慮すると，2倍程度の伸長性およびkPa〜MPaオーダの低弾性率を有する材料が必要であることを述べた。ストレッチャブル配線の動向に関しては，従来の電子デバイス技術による金属薄膜形成，湿式プロセスによる新規物質（CNTや導電性ポリマー，金属ナノワイヤなど）の形成，印刷による導電性フィラーとエラストマーの複合材料の形成について触れた。いずれも，2倍以上の伸長性能を得ることができていた。レーザー転写技術であるLIFTは，高アスペクト比の2次元ナノ粒子の非接触印刷を可能とし，銀ナノワイヤストレッチャブル配線や透明導電膜の微細配線パターニングを実現した。今後，ストレッチャブル配線技術は，デバイスに応じて取捨選択されていき，医療・ヘルスケアやスポーツ，エンターテイメントへ向けたウェアラブルデバイスの装着感の低減や生体親和性の向上に役立つことが近い将来期待される。

文　　　献

1)　R. Minev *et al., Science*, **347**, 159-163（2015）

2)　S. Lee *et al., Nature Comm.*, **5**, 5898（2014）

3)　L. Guo *et al., IEEE TBioCAS*, **7**, 1（2013）

4)　M. Lee *et al., Nano Lett.*, **13**, 2814-2821（2013）

5)　D. H. Kim *et al., Nat. Mater.*, **9**, 511-517（2010）

6)　D. H. Kim *et al., Science*, **333**, 838-843（2011）

7)　R. C. Webb *et al., Nat. Mater.*, **12**, 938-944（2013）

8)　K. Takei *et al., Nat. Mater.*, **9**, 821-826（2010）

9)　R. Pelrine *et al., Mater. Sci. Eng.*, **C11**, 89-100（2000）

10)　M. Watanabe *et al., J. Appl. Phys.*, **92**, 4631-4637（2002）

11)　D. J. Lipom *et al., Nature Nano.*, **6**, 788-792（2011）

12)　T. Sekitani *et al., Nat. Mater.*, **8**, 494-499（2009）

13)　M. S. White *et al., Nature Photonics*, **7**, 811-816（2013）

14)　M. Kaltenbrunner *et al., Nature Comm.*, **3**, 770（2012）

15)　T. Tokuno *et al., Nano Res.*, **12**, 1215-1222（2011）

16)　荒谷善夫ほか，繊維と工業，**40**，318-321（1984）

17)　C. Edwards *et al., Clinics in Dermatology*, **13**, 375-380（1995）

18)　S. P. Lacour, *Proceedings of the IEEE*, **93**, 1459（2005）

19) J. Vanfleteren *et al.*, *MRS Bulletin*, **37**, 254-260 (2012)

20) D. J. Lipomi *et al.*, *Chem. Mater.*, **24**, 373-382 (2012)

21) D. J. Lipomi *et al.*, *Adv. Mater.*, **23**, 1771-1775 (2011)

22) K. Liu *et al.*, *Adv. Mater.*, **21**, 2721-2728 (2011)

23) K. H. Kim *et al.*, *Adv. Mater.*, **23**, 2865-2869 (2011)

24) Y. Yang *et al.*, *Nano Res.*, **9**, 401-414 (2016)

25) W. Hu *et al.*, *Nanotechnology*, **23**, 344002 (2012)

26) X. Ho *et al.*, *J. Appl. Phys.*, **113**, 044311 (2013)

27) P. Lee *et al.*, *Adv. Mater.*, **24**, 3326-3332 (2012)

28) F. Xu *et al.*, *Adv. Mater.*, **24**, 5117-5122 (2012)

29) T. Araki *et al.*, *Nanotechnology*, in press

30) N. Matsuhisa *et al.*, *Nature Comm.*, **6**, 7461 (2015)

31) K. Chun *et al.*, *Nature Nano.*, **835**, 8 (2010)

32) T. Araki *et al.*, *IEEE EDL*, **32**, 1424-1426 (2011)

33) K. S. Kim *et al.*, *Nature*, **457**, 706-710 (2009)

34) T. Chen *et al.*, *ACS Nano*, **8**, 1039-1046 (2014)

35) J. Bohandy *et al.*, *J. Appl. Phys.*, **60**, 1538 (1986)

36) S. M. Perinchery *et al.*, *Laser Phys.*, **24**, 066101 (2014)

37) M. L. Tseng *et al.*, *Laser Photonics Rev.*, **6**, 702-707 (2012)

38) T. Inui *et al.*, *RCS Adv.*, **5**, 77942 (2015)

39) A. Robinson, *J. Appl. Phys*, **115**, 143511 (2014)

40) I. M. Graz *et al.*, *APL*, **98**, 124101 (2011)

41) D. R. Cairns *et al.*, *Appl. Phys. Lett.*, **76**, 1425 (2000)

42) A. R Madaria *et al.*, *Nanotechnology*, **22**, 245201 (2011)

43) J. Y. Lee *et al.*, *Nano Lett.*, **8**, 689-691 (2008)

44) W. Gaynor *et al.*, *ACS Nano*, **4**, 30-41 (2010)

45) X. Y. Zeng *et al.*, *Adv. Mater.*, **22**, 4484-4488 (2010)

46) Z. Yu *et al.*, *Adv. Mater.*, **23**, 664-668 (2011)

5 電極表面処理技術と物性評価

北村雅季*

5.1 はじめに

電子デバイスにおいて電極は必要不可欠であり，その表面状態はデバイス性能に大きな影響を与える。電極表面上に半導体層を製膜して利用するデバイスや電極を直接センサに利用するデバイスでは特に表面状態の制御は重要である。

電子デバイス応用で，電極表面が特に重要となる例としてフレキシブルエレクトロニクスへの応用が期待される有機トランジスタがある。通常の単結晶シリコンやアモルファスシリコンもしくはポリシリコンのトランジスタの場合，半導体層の上に電極を作製するため，電極表面ではなく半導体電極界面の制御が重要である。また，有機トランジスタの場合でも，半導体層上にコンタクト電極を作製する構造（トップコンタクト構造）の場合はシリコンのトランジスタと同様に半導体電極界面が重要である。他方，有機トランジスタの場合，有機層へのダメージを避けるため，コンタクト電極を先に作製し，その後，有機層を作製する構造（ボトムコンタクト構造）も採用されている。この場合，有機層を製膜する前に電極表面を適切に処理する必要がある。

有機EL素子や薄膜太陽電池でも基板側の電極については，その表面処理が重要である。基板から光が透過するデバイス構造の場合には，基板側の電極に酸化物の透明電極が用いられる。金属と酸化物とでは表面の処理技術や物性が大きく異なる。酸化物の表面処理だけでも多くの研究があるため，ここでは通常の金属原子よりなる金属に話を限定する。

ボトムコンタクト構造のトランジスタのように電極を作製した後，半導体層を製膜するようなデバイスの場合，電極からのキャリア注入において電極の酸化が問題となる。このような場合，酸化されにくいAu，Ag，Cuが電極に用いられる。これらの金属表面を制御する方法として，チオール（SH基を末端にもつ有機化合物）を使って単分子膜を形成する方法がある。本稿では，このチオール処理による単分子修飾した金属表面について述べる。

5.2 金属表面の性質

表面修飾した金属表面について述べる前に，先ず，主な金属の物性値について話を始める。表1に金属の結晶構造，抵抗率，仕事関数および酸化物生成自由エネルギーを示す。スズを除くと結晶構造は面心立方であり，後で述べるようにAu，Ag，Cu上の表面処理について調べる場合，通常，(111)面が用いられる。

仕事関数は，金属電極をデバイスへ応用する際，重要な値である。仕事関数は固体表面より電子を真空中へ取り出すための最小エネルギーと定義され，結晶面や洗浄度を含め表面の状態に強く依存する。仕事関数は熱電子放出や光電子放出によって測定される。

応用上重要であるAuの仕事関数の具体的な値について述べておく。一般的にAuの仕事関数は

---

* Masatoshi Kitamura 神戸大学 大学院工学研究科 電気電子工学専攻 教授

表1　主な金属の物性値

材料	結晶構造	格子定数 (Å)	抵抗率 ($10^{-8}\,\Omega$m)	仕事関数 (eV)	酸化物生成自由エネルギー (kJ)	主な酸化物
Au	面心立方	4.0786	2.3	5.1	+ 163	Au_2O_3
Ag	面心立方	4.0862	1.6	4.26	− 10.9	Ag_2O
Cu	面心立方	3.6150	1.7	4.65	− 146	CuO
Pt	面心立方	3.9231	11	5.65	−	−
Ni	面心立方	3.5238	7.5	5.15	− 216	NiO
Sn	(温度に依存)	−	11	4.42	− 520	SnO
Al	面心立方	4.0494	2.6	4.28	− 1580	Al_2O_3

結晶構造, 格子定数, 抵抗率[1], 仕事関数[2], 酸化物生成自由エネルギー[3]

5.1 eV程度と言われるが，表面状態によって実測値は4.7〜5.5 eV程度の値を取る。熱電子放出による測定で5.22 eV，光電子放出で4.9 eVとの報告がある[4]。表面の酸素や水分等による汚れで0.1 eVオーダで仕事関数の変化が生じると言われている。また，積極的に酸素プラズマやUV/ozone処理を行うことにより仕事関数が5.5 eV程度まで増加することが報告されている[5]。これは，AuO_xが形成されたためと考えられる。表1のようにAuの酸化物生成自由エネルギーは正であるが，酸素が過剰である環境であればAuであっても酸化物が形成される。実際，酸素プラズマ処理によってAu_2O_3が形成されることが，光電子分光によって確認されている[6]。しかし，大気中ではAuO_xは不安定であり，室温で数日[6]，120℃で1時間程度[5,6]で酸素が脱離するとの実験結果がある。

5.3　単分子膜形成

図1にチオールによる単分子膜形成の概念図と単分子膜に使用される主なチオール分子を示す。チオールにはアルカン（**1**〜**3**），ベンゼン（**4**），ベンゾイミダゾール（**5**）等の誘導体が使用

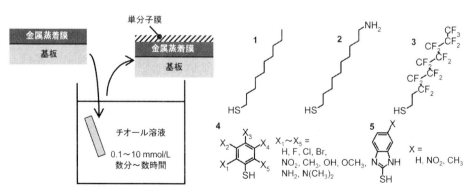

図1　単分子膜形成とチオール分子

されている。長鎖アルカンチオールは自己組織化することもあり多くの研究報告がある。他方，ベンゼンチオールやベンゾイミダゾールチオールは長鎖アルカンチオールに比べると分子長が短く，有機トランジスタの電極表面処理に利用されている[7〜15]。チオールを使った単分子膜はAu上に比較的容易に作製できる。また，Ag, Cu, Pt, Pd, Ni, Mo上への単分子膜の形成も報告されている。数は少ないがAl上への形成についての論文もある。基板としてはシリコンやガラス上に金属の薄膜を数10〜200 nm程度蒸着したものが用いられる。膜形成を走査トンネル顕微鏡（STM）等で詳細に調べる場合には，(111)面のAuがよく利用される。金の(111)面を得るためにマイカが基板に用いられることもある。通常，チオールの溶液を用意し，それに金属を蒸着した基板を浸すことにより単分子膜が形成できる。単分子膜の配向や被覆率は溶媒，溶液の濃度，温度，処理時間に依存する。溶媒にはエタノールやアセトニトリルが用いられる。濃度を0.1〜10 mmol/L，処理時間を数分から数時間とすることが多い。また，水溶液からの単分子膜の形成も報告されている。

　上述のように電子デバイスへの応用についてはベンゼンチオールが良く用いられることからこれ以降は主にベンゼンチオールについて述べる。図2に単分子膜形成に用いられるベンゼンチオールの分子構造を示した。各分子を表すのに図中の略称を使うことにする。略称の下の数字は文献を表す。図2には，チオール基に対してパラ位の水素が置換されている分子を示したが，メタ位，オルト位が置換されたベンゼンチオールも多数ある。これらを含め少なくても50種類以上が市販されている。

　チオールによる被覆率は，処理時間tと溶液中のチオールの濃度Cに依存する。反応がラングミュアの吸着等温式に従うと仮定すると，被覆率は$t \times C$の関数で表される。金表面をPFBTおよびMBTで表面処理した際の仕事関数を$t\,C$の関数として測定した例があり，$t\,C = 10^{-4} \sim 10^{-3}$ min

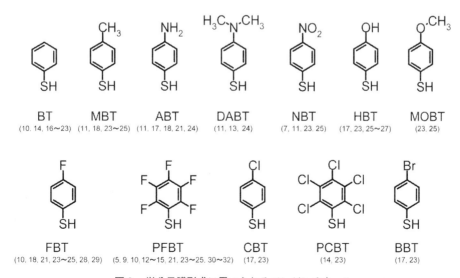

図2　単分子膜形成に用いられるベンゼンチオール

mol/Lで仕事関数がある一定の値に飽和するとの結果が示されている[24]。例えば$C=1$ mmol/Lであれば，6秒から1分に相当し，この程度の処理時間である被覆率に到達することを意味する。

応用上，単分子膜の安定性を調べることは重要である。単分子膜を形成したのちホットプレート等で加熱することにより物性値の変化を調べることにより安定性が評価できる。100℃，10分程度の加熱で物性値の変化が始まる。定量的には温度に対する物性値の変化より活性化エネルギーが求められており，40～110 kJ/mol（0.41～1.1 eV）程度の値が得られている[24,25]。

金属表面上へのチオールの吸着を議論する場合，通常(111)面上への吸着を考える。金の(111)面の場合，格子定数から表面の原子間隔は2.89Åで，原子密度は$1.38×10^{15}$cm^{-2}である。アルカンチオールの場合，アルキル鎖が自己組織化するような条件下では，3個の金原子に対して1分子のチオールが結合することが知られている。金原子の数に対する分子数として被覆率θを定義すると，このアルカンチオールの場合は$\theta=0.33$である。他方，ベンゼンチオールの場合，分子が大きい（幅が広い）分，$\theta<0.33$となる。BTで$\theta=0.31$[16]，HBTで$\theta=0.27$[27]，FBTで$\theta=0.19$[29]，PFBTで$\theta=0.24$[32]との報告がある。PFBTについては，ある条件でのみ自己組織化するような高密度の膜が得られ，高密度の膜についてもα，β，γ，δ，εの5種類のフェーズが現れることが報告されている[32]。

5.4　仕事関数

仕事関数は固体表面より電子を真空中へ取り出すための最小エネルギーと定義されるので，金属材料と結晶面が決まれば，それによって仕事関数は決まる。実際には表面の酸化や表面上の付着物によって仕事関数は変化する。積極的に仕事関数を制御する方法として単分子膜の分極を使う方法がある。

図3(a)のように分極$\mathbf{d}$が垂直方向からa傾いて面密度Nで配列している場合，もとの金属に対して，

$$\Delta W = \frac{qN|\mathbf{d}|\cos a}{\varepsilon} \tag{1}$$

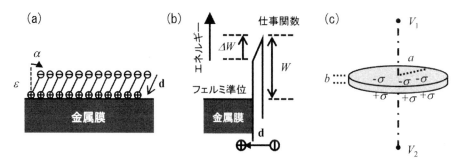

図3　(a)金属膜上の分極，(b)分極によるエネルギーバンド変化，(c)面電荷による電位変化

だけ仕事関数が変化する。ここで ε は分極が生じている膜の誘電率，q は電気素量である。仕事関数は，分極が下側に向いている（$a < \pi/2$）と大きくなり，上側を向いている（$\pi/2 < a$）と小さくなる。この仕事関数変化を電子に対するエネルギーバンド図で表すと図3(b)のようになる。(1)式は電磁気学の知識を使って導くことができる。図3(c)のように厚さ b，半径 a の円板の上側に面密度 $-\sigma$，下側に面密度 $+\sigma$ で電荷が帯電しているとき，円板の中心より上側垂直方向 z での電位 V_1 と下側垂直方向 $-z$ での電位 V_2 は，

$$V_1 = \frac{\sigma}{2\varepsilon_0}\left[\left(\sqrt{a^2+(z+b/2)^2} - \sqrt{a^2+(z-b/2)^2} - b\right)\right] \tag{2a}$$

$$V_2 = \frac{\sigma}{2\varepsilon_0}\left[\left(\sqrt{a^2+(z-b/2)^2} - \sqrt{a^2+(z+b/2)^2} + b\right)\right] \tag{2b}$$

となる。半径を $a \to +\infty$ としたとき，電位差 $\Delta V = V_1 - V_2$ は，

$$\Delta V = \frac{\sigma b}{\varepsilon_0} \tag{3}$$

となる。図3(c)の σ を図3(a)の分極で表すと $\sigma b = N|\mathbf{d}|\cos a$ であり，仕事関数は電子に対するエネルギーであることを考慮して $-q$ とかけ，誘電率を考慮すれば(1)式が得られる。(3)式は円板の下側に対する上側の電位として求めたが，図3(a)のように金属のある場合は影像法を使って，金属に対する上側の電位と考えても同じ結果となる。

　ベンゼンチオールの単分子膜をAuおよびAg上に形成したときの仕事関数の測定結果を表2に示す[23, 24]。仕事関数は大気中の光電子分光法で測定した値である。Bareは単分子膜を形成してい

表2　ベンゼンチオールで表面処理した金および銀の仕事関数

	金表面の仕事関数 (eV)	分極の大きさ $d_{\text{S-Au}}$ (debye)	分子密度 N (10^{11}cm^{-2})	銀表面の仕事関数 (eV)	分極の大きさ $d_{\text{S-Ag}}$ (debye)	分子密度 N (10^{11}cm^{-2})
Bare	4.83			4.90		
BT	4.55	2.41	0.93	4.27	4.06	1.10
MBT	4.47	2.88	1.00	3.99	3.93	1.70
ABT	4.68	5.24	0.23			
DABT	4.37	6.18	0.59			
NBT	5.20	5.18	0.57			
HBT	5.22	2.85	1.09			
MOBT	4.42	3.57	0.92			
FBT	5.21	1.91	1.58	5.57	4.91	1.20
PFBT	5.48	3.52	1.47	5.77	7.09	1.06
CBT	5.28	1.96	1.83			
PCBT	5.26	2.87	1.19			
BBT	5.26	1.84	1.86			

ないときの仕事関数である。金の場合は，4.37〜5.48 eVの値が得られている。この実験結果は，4.83 eVより小さい値が得られた膜では分極は上向き，4.83 eVより大きい値が得られた膜では分極は下向きであることを表す。最小の4.37 eVはDABT，最大の5.48 eVはPFBTで得られている。銀の仕事関数と金の仕事関数を比較すると，銀の方がBareに対する変化がやや大きい。銀に吸着したときの分極の大きさ，分子密度，分子の傾きの違いによるものと考えられる。

表2に示した分極は量子化学計算ソフト（Gaussian 09）による計算結果である。計算を行った分子はベンゼンチオールのSに結合しているHをAuもしくはAgで置き換えた分子である。計算結果は，分極の大きさとして示されているが，分極の方向については分子個々に異なる。

ここで示した仕事関数は，真空蒸着により製膜した金属薄膜上に単分子膜を形成した試料について測定した結果である。金属表面は原子レベルで平坦ではなく(111)面が出ている保証がないことに注意したい。分極 d と垂直方向からの傾き α が分かれば(1)式から密度 N が計算できる。分極は量子化学計算によりある程度の精度で求めることができる。金属，S，Sに結合しているCは一直線上にはなく，そのため，分極の方向は，金属とSを結ぶ方向，SとSに結合しているCを結ぶ方向，どちらとも異なる。また，(111)面上の場合，分子の配向や傾きが量子化学計算により求められている。ただし，実際の金の蒸着膜では，特別の処理を行わなければ，金属表面は原子レベルで平坦でなく，分子ごとに分極の方向が異なる。仕事関数は巨視的な量であるため，仕事関数変化には，分極の傾きの平均値として現れるはずである。

表2の密度 N は $|\cos\alpha| = 1$，比誘電率3を仮定して計算した値である。金については，$N = 0.23〜1.86\times10^{14} \mathrm{cm}^{-2}$ である。$|\cos\alpha| = 1$ は分極が表面に対して垂直であることを表す。しかし，上述のように分極は垂直であるとは限らないため，例えば $|\cos\alpha| = 1/2$（$\alpha = \pi/3$ もしくは $2\pi/3$）を仮定すると $N = 0.46〜3.72\times10^{14} \mathrm{cm}^{-2}$ となる。これらの仮定の範囲では $N = 0.23〜3.72\times10^{14} \mathrm{cm}^{-2}$，金の表面原子密度と比較して被覆率 θ を求めると，$\theta = 0.017〜0.27$ となる。被覆率を求めるにあたり多くの仮定を含むが，$\theta = 0.27$ は自己組織化した分子膜のSTMによる実測値とも比較的近い値である。他方，$\theta = 0.017$ は，分極の傾きが $|\cos\alpha| = 1/2〜1$ を満たす程度であれば，かなり疎な状態を表す。ただし，分極の傾きが $\pi/2$ に近い可能性もある。

5.5　表面エネルギー

固体表面の基本的な性質として表面エネルギーがある。通常，単位面積当たりの表面自由エネルギーとして表さられ，表面張力とも呼ばれる。固体の表面自由エネルギーは表面がないときに比べ表面を形成するのにどれだけのエネルギーを必要とするかを表す。固体と液体もしくは固体と気体との界面の性質が重要となるデバイスについては，表面エネルギーの制御は重要である。金属表面に単分子膜を形成すると，その単分子膜の種類に応じて表面エネルギーが変わる。表面エネルギーを評価する方法として液体に対する接触角を測定する方法がある。

図4(a)は接触角測定の概念図である。接触角 θ は，

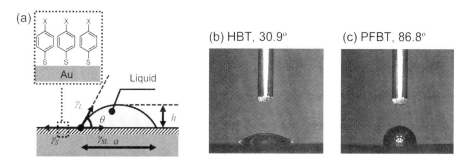

図4　(a)接触角測定の概念図，(b)HBT処理表面と，(c)PFBT処理表面上の水滴

$$\theta = 2 \tan^{-1} (2h/a) \tag{4}$$

と書ける。ここで，aは液滴の直径，hは高さである。顕微鏡写真より液滴のa, hを測定し，(4)式にこれらを代入すれば接触角θが得られる。例として，図4(b)，(c)に，金蒸着膜をHBT，PFBTで表面処理した試料上の水滴の顕微鏡写真を示した。接触角は，ヤングの式により表面張力と，

$$\gamma_L \cos\theta = \gamma_S - \gamma_{SL} \tag{5}$$

の関係にある。ここで，γ_Lは液体と気体，γ_Sは固体と気体，γ_{SL}は固体と液体との界面張力である。固体の表面エネルギーつまり固体と気体との界面張力γ_Sを評価するのに次の式が用いられる。

$$1 + \cos\theta = 2\sqrt{\gamma_S^d}\ \frac{\sqrt{\gamma_L^d}}{\gamma_L} + 2\sqrt{\gamma_S^p}\ \frac{\sqrt{\gamma_L^p}}{\gamma_L} \tag{6}$$

この式は，(5)式に，

$$\gamma_{SL} = \gamma_S + \gamma_L - 2\left(\sqrt{\gamma_S^d \gamma_L^d} + \sqrt{\gamma_S^p \gamma_L^p}\right) \tag{7}$$

を代入することにより得られる。導出では，γ_i（$i=$Sもしくは L）が分散力成分γ_i^dと極性力成分γ_i^pとの和で表される，つまり，$\gamma_S = \gamma_S^d + \gamma_S^p$および$\gamma_L = \gamma_L^d = \gamma_L^p$と仮定している。表面張力が既知の2種類の液体について接触角を測定すると，(6)式について2式が得られ，それよりγ_S, γ_S^d, γ_S^pを求められる。

　表3にベンゼンチオールで表面処理した金表面の接触角と接触角より求めた基板の表面張力を示す[23]。表面張力を求める際にはエチレングリコールについての接触角も測定した。水についての接触角は30.9〜88.3°の範囲で得られており，接触角が単分子膜の種類に強く依存することが分かる。最小の接触角30.9°はHBTで，最大の接触角88.3°はMBTで得られた。ハロゲン原子を有する単分子膜で接触角が大きいことが分かる。他方，MOBT，NBT，HBTで接触角が小さく，酸

IoTを指向するバイオセンシング・デバイス技術

表3　ベンゼンチオールで表面処理した金表面の接触角と表面張力

	接触角（degree）		表面張力（mN/m）		
	水	エチレングリコール	γ^{d}	γ^{p}	γ
MBT	88.3	50.2	39.4	1.3	40.6
PFBT	86.8	55.9	28.8	3.4	32.3
CBT	83.6				
BBT	82.5				
FBT	81.8	47.8	32.1	4.4	36.5
PCBT	77.5				
BT	74.0				
MOBT	67.4	45.4	16.1	19.6	35.7
Bare	52.9				
NBT	43.2	37.9	4.2	56.0	60.2
HBT	30.9	34.6	1.8	74.2	76.0

素原子が，接触角の小さいことに起因しているように見える。一般に表面張力が大きい固体表面では接触角が小さくなるが，表3からも接触角が小さいNBT，HBTで表面張力が大きい。また，極性力成分が大きいために，表面張力が大きくなっていることが分かる。

文　　献

1）　物理学辞典編集委員会編，物理学辞典，培風館（1992）
2）　H. B. Michaelson, *J. Appl. Phys.*, **48**, 4729（1977）
3）　H. F. Wolf, Silicon Semiconductor Data, Pergamon Press（1969）
4）　D. E. Eastman, *Phys. Rev. B*, **2**, 1（1970）
5）　M. Kitamura, Y. Kuzumoto, W. Kang, S. Aomori, and Y. Arakawa, *Appl. Phys. Lett.*, **97**, 033306（2010）
6）　H. Tsai, E. Hu, K. Perng, M. Chen, J.-C. Wu, and Y.-S. Chang, *Surf. Sci.*, **537**, L447（2003）
7）　D. J. Gundlach, L. Jia, and T. N. Jackson, *IEEE Electron Device Lett.*, **22**, 571（2001）
8）　S. H. Kim, J. H. Lee, S. C. Lim, Y. S. Yang, and T. Zyung, *Jpn. J. Appl. Phys.*, **43**, L60（2004）
9）　S. K. Park, T. N. Jackson, J. E. Anthony, and D. A. Mourey, *Appl. Phys. Lett.*, **91**, 063514（2007）
10）　J.-P. Hong, A.-Y. Park, S. Lee, J. Kang, N. Shin, and D. Y. Yoon, *Appl. Phys. Lett.*, **92**, 143311（2008）
11）　M. Kitamura, Y. Kuzumoto, S. Aomori, M. Kamura, J. H. Na, and Y. Arakawa, *Appl. Phys. Lett.*, **94**, 083310（2009）

12)　J. Smith, R. Hamilton, I. McCulloch, M. Heeney, J. E. Anthony, D. D. C. Bradley, and T. D. Anthopoulos, *Synth. Met.*, **159**, 2365（2009）

13)　M. Kitamura and Y. Arakawa, *Jpn. J. Appl. Phys.*, **50**, 01BC01（2011）

14)　R. J. Kline, S. D. Hudson, X. Zhang, D. J. Gundlach, A. J. Moad, O. D. Jurchescu, T. N. Jackson, S. Subramanian, J. E. Anthony, M. F. Toney, and L. J. Richter, *Chem. Mater.*, **23**, 1194（2011）

15)　M. Kitamura, Y. Kuzumoto, and Y. Arakawa, *Phys. Status Solidi C*, **11**, 1632（2013）

16)　L.-J. Wan, M. Terashima, H. Noda, and M. Osawa, *J. Phys. Chem. B*, **104**, 3563（2000）

17)　J. W. Grate, D. A. Nelson, and R. Skaggs, *Anal. Chem.*, **75**, 1868（2003）

18)　Y. S. Tan, M. P. Srinivasan, S. O. Pehkonen, and S. Y. M. Chooi, *Corrosion Sci.*, **48**, 840（2006）

19)　D. Käfer, A. Bashir, and G. Witte, *J. Phys. Chem. C*, **111**, 10546（2007）

20)　J. Noh, E. Ito, and M. Hara, *J. Colloid Interface Sci.*, **342**, 513（2010）

21)　C. Schmidt, A. Witt, and G. Witte, *J. Phys. Chem. A*, **115**, 7234（2011）

22)　F. P. Cometto, E. M. Patrito, P. P. Olivera, G. Zampieri, and H. Ascolani, *Langmuir*, **28**, 13624（2012）

23)　S. Tatara, Y. Kuzumoto, and M. Kitamura, *Jpn. J. Appl. Phys.*, **55**, 03DD02（2016）

24)　Y. Kuzumoto and M. Kitamura, *Appl. Phys. Express*, **7**, 035701（2014）

25)　S. Tatara, Y. Kuzumoto, and M. Kitamura, *Journal of Nanoscience and Nanotechnology*, **16**, 3295（2016）

26)　J. R. I. Lee, T. Y.-J. Han, T. M. Willey, D. Wang, R. W. Meulenberg, J. Nilsson, P. M. Dove, L. J. Terminello, T. van Buuren, and J. J. De Yoreo, *J. Am. Chem. Soc.*, **129**, 10370（2007）

27)　Y.-F. Liu and Y.-L. Lee, *Nanoscale*, **4**, 2093（2012）

28)　L.-W. Chong, Y.-L. Lee, T.-C. Wen, and T.-F. Guo, *Appl. Phys. Lett.*, **89**, 233513（2006）

29)　P. Jiang, K. Deng, D. Fichou, S.-S. Xie, A. Nion, and C. Wang, *Langmuir*, **25**, 5012（2009）

30)　Z. Jia, V. W. Lee, and I. Kymissis, *Phys. Rev. B*, **82**, 125457（2010）

31)　H. Kang, N.-S. Lee, E. Ito, M. Hara, and J. Noh, *Langmuir*, **26**, 2983（2010）

32)　W. Azzam, A. Bashir, P. U. Biedermann, and M. Rohwerder, *Langmuir*, **28**, 10192（2012）

6　フレキシブルエナジーハーベスター

中村雅一*

6.1　エナジーハーベスティングとは

「エナジーハーベスティング（energy harvesting)」とは，光，熱，振動など身の回りの活用されていない様々なエネルギーを電力として収穫し，小型電子機器などで活用することを目的とする技術である（図1）。日本語ではドイツ語由来の「エネルギー」という外来語が定着しているので，「エネルギーハーベスティング」とも言われる。また，「環境発電技術」と呼ばれることもある。電灯線などからの電源配線が不要であり，1次電池の交換や2次電池の充電のような手間がかからず，燃料補給もなしで長期間エネルギー供給が可能な電源として，いつでもどこでもネットワークにつながる「ユビキタスネット社会」や，「モノのインターネット（Internet of Things)」の実現のために必須の技術であると考えられている。

図2に，エナジーハーベスティングの発電規模と用途についてのまとめ[1]を示す。広義のエナジーハーベスティングは，発電規模がマイクロワットからギガワットまでの広範囲にわたり，大規模発電用途のいわゆる「再生可能エネルギー」とオーバーラップする領域までを含む概念である。ただし，本稿では，孤立した小規模センシングデバイスに小さな電力を供給するものを想定し，この図の太枠で囲まれたマイクロワット級からミリワット級までを取り扱う。中でも，フレキシブルデバイスやウェアラブル／インプランタブルデバイスの電源として，人体や曲面などに使いやすいフレキシブルエナジーハーベスター（フレキシブル環境発電デバイス）に焦点を絞り，具体的な研究例よりもなるべく普遍的な事項を優先して解説する。

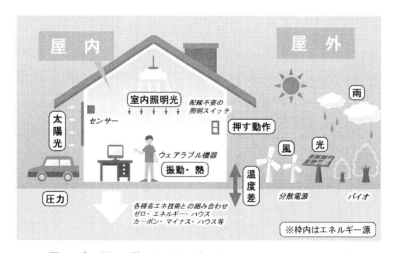

図1　身の回りの様々なエネルギーとエナジーハーベスティング
（「エネルギーハーベスティングコンソーシアム」のウェブサイト[1]より本稿用に改変)

＊　Masakazu Nakamura　奈良先端科学技術大学院大学　物質創成科学研究科　教授

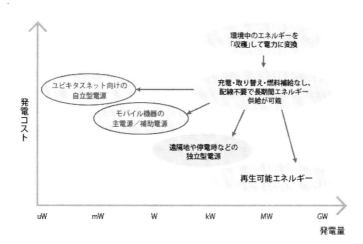

図2　エナジーハーベスティングの発電規模と用途
（「エネルギーハーベスティングコンソーシアム」のウェブサイト[1]より）

表1　様々な環境エネルギーとそれを利用するエナジーハーベスターの特徴比較

エネルギー 種別	生活環境での典型的 エネルギー密度 （1cm²あたり）	エネルギー変換の 原理	エネルギー変換 効率の目安 （％）	薄型化した場合の 典型的な厚み	フレキシブル 適応性
室内光	0～300μW	フォトダイオード （太陽電池）	10～20	数十～数百μm	◎
電波	0～1μW （専用送電しないとき）	アンテナ+整流	30	数十～数百μm	◎
振動・圧力	0～1mW（振動） 数十mW（圧力）	（1）電磁誘導	50	数～数十mm	×
		（2）静電誘導	30	1～数mm	×
		（3）圧電効果	30	1～数mm	△
熱	＞5mW（人体） 0～2mW（住宅壁）	ゼーベック効果	0.05～0.5	数百μm～数mm	○

6.2　環境エネルギーの種類と対応するエナジーハーベスターの特徴

　マイクロワット級からミリワット級のエナジーハーベスティングにおいては，環境エネルギーとして，光エネルギー，振動や一時的な圧力などの運動エネルギー，電磁波のエネルギー，および，熱エネルギーを収穫対象とすることが一般的である[2]。これらの環境エネルギーとそれを利用するエナジーハーベスターの特徴を比較したものを，表1に示す。

　まず注目すべきは，典型的なエネルギー密度である。振動や圧力は，マクロな物体の運動エネルギーや位置エネルギーであるから，エネルギー密度はきわだって高い。それと肩を並べるのが，人体から放出される熱エネルギーである。人体は，安静時にも100W程度のエネルギーを熱として放出しており，それを体表面積で割ると5mW/cm²程度になる。これは，室内光がたかだ

か300μW/cm²程度であるのと比較して，十分に大きいエネルギー密度であると言える。しかし，熱をエネルギー源とする限り熱力学的にカルノーの限界（$1 - T_2/T_1$，T_1は高温側，T_2は低温側の温度）と呼ばれる効率の上限が存在し，室温における10℃の温度差では，それが3％程度になる。さらに，現在の技術では，この熱力学的上限よりはるかにエネルギー変換効率が低くなる（体温と一般的な室温を想定し，後述のZTが0.1～1.0程度の熱電材料を想定すると，表のようなエネルギー変換効率になる）ため，環境エネルギー密度が高いという利点をほとんど相殺してしまう。ただし，光，電波，振動の何れもが場合によってはゼロとなり得るのに対して，人体（あるいは恒温動物すべて）は生命活動あるかぎり熱を発生し，通常の住環境の気温との温度差が十分確保されていることが大きな利点である。

　フレキシブルエナジーハーベスターを目指す場合に，デバイス構造のフレキシブル化が容易であるか否かが考慮すべき重要な特徴である。光あるいは電波を収穫する場合，いずれもフレキシブル基板上に形成した数百ナノメートルレベルの薄膜で対応可能であることからフレキシブル化の点で有利である。整流回路や昇圧回路などは，微小電力の場合かなり小型化できるため，デバイス全体のフレキシブル性への影響は無視して差し支えないと考えられる。振動もしくは変動する圧力などの力学的エネルギーを収穫する場合，一般的に発電構造中の可動部の長さとそれを支える構造の機械的強度が要求される。表に見られるように，潜在的なエネルギー密度の高さと高い変換効率から，薄型であることやフレキシブル性を要求されない場合には有力なエナジーハーベスティング技術となる。実際，クォーツ時計の自動充電機構など，最も古くから実用化されている。しかし，薄型・フレキシブルという点では技術的な制約が多いと考えられる。ただし，圧電材料を用いたものには，近年フレキシブル性を重視したデバイスの研究も見られるようになってきている。熱を収穫する場合，近年盛んに研究されている有機あるいは有機無機ハイブリッド材料を用いることでフレキシブル性は確保できると考えられる。ただし，高温の物体と低温の物体に強く熱的に結合できる場合は良いが，例えば体表面に貼り付けて低温側を自然空冷に頼る場合には，後述のようにそこでの熱コンダクタンスがデバイスの温度差を制限してしまうため，効率を大きく損なうことになる。それを避けるためには，デバイスの熱コンダクタンスを放熱の熱コンダクタンスより十分小さくしなければならず，低い熱伝導率とある程度の厚みが要求される。大まかに見積もると，材料の熱電性能を十分に活かすためには数mmの厚みが必要となる。

　以上，それぞれに長所と短所があることから，供給先のセンサ回路などが使われる場所によって，適したエネルギー源を選択することになるであろう。例えば，可視光強度が安定して得られる場面では光を，システムとして送電機能が組み込まれている場合には電波を，振動や圧力変化が特定の場所で継続的に得られる場合は振動や圧力を，それらの何れも期待できないが温度差が安定して得られる場合は熱を選択するという方針が考えられる。

6.3　光利用エナジーハーベスター

　基本的な光電変換の原理は太陽電池と同じであるから，その説明はあまたある半導体デバイス

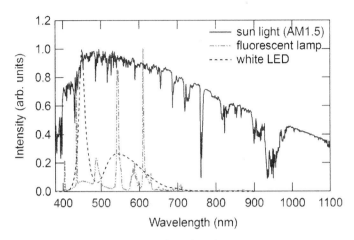

図3　太陽光，蛍光灯，および，白色発光ダイオードのスペクトル

の教科書にゆずることとする。太陽電池では，ショックレー＝クワイサーの限界（Shockley-Queisser limit）と呼ばれる単接合太陽電池のエネルギー変換効率の理論限界が知られている[3]。これを決める主要な因子は，半導体の光吸収スペクトルが長波長側に吸収端を持つことにより，それ以上の波長の光が発電に利用されないことと，逆に短波長側の光を吸収してエキシトンあるいは電子−正孔対が生成した後，そのフォトンエネルギーとバンドギャップエネルギーの差に相当するエネルギーが熱となって失われることに関連している。そのため，変換効率の理論限界は主にバンドギャップによって決まり，1.34 eVのバンドギャップエネルギーを持つ半導体において最大値が33.7%となる。ただし，これは地上に到達する太陽光のスペクトルを前提としており，室内環境でのエナジーハーベスティングを考える場合，収穫対象となる光源のスペクトルがまったく異なることを考慮する必要がある。

　図3は，太陽電池の評価に使われるエアマス（AM）1.5の標準スペクトルと，室内照明として現在一般的な蛍光灯および白色発光ダイオード（LED）のスペクトルを，それぞれのピーク強度で規格化したものである。太陽光が可視域だけでなく近赤外域にも大きな強度を有しているのに対して，現代の室内照明は波長400〜700 nmの限られた範囲に発光スペクトルを集中させていることがわかる。従って，室内光を収穫して効率良く発電するためには，太陽光の場合よりもバンドギャップエネルギーの大きい半導体を用いるほうが良く，従来からアモルファスシリコン（a-Si）が広く使われている。a-Siであれば，薄型のポリマー基板も使える[4]ことから，フレキシブルエナジーハーベスターとしても適していると考えられる。図4は，疑似太陽光（点線）および白色LED光（実線）照射下での市販屋内用a-Si太陽電池の電流−電圧特性を，照射光のエネルギー密度の比でスケーリングしたものである。室内光で効率的に発電していることが判る。太陽光照射下でフィルファクターが低いのは，屋内専用と割り切ったコストダウンのために集電用銀ペースト配線が省略されているからである。

この他にも，室内光において効率の良い太陽電池として，色素増感太陽電池が挙げられる。色素増感太陽電池は，電解液を用いるところがフレキシブル用途における不安定要因であったが，近年では全固体型のものも開発されており，a-Si太陽電池の2倍の出力を得るものも発表されている[5]。

一方，生体埋め込み型のセンサなどの電源として特定波長の光でエネルギーを供給する方法も検討されている[6]。この場合は，太陽光とも室内光とも異なり，水や生体分子による吸収の少ない波長700〜1500 nm程度の近赤外光を用いる。この波長域の光を収穫する太陽電池としては，狭バンドギャップ半導体や半導体量子ドットを用いるものが研究されている。

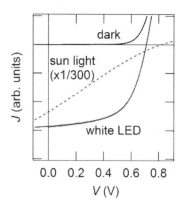

図4 屋内用アモルファスシリコン太陽電池の電流－電圧特性
（「white LED」は白色発光ダイオード光照射下，「sun light」は疑似太陽光照射下，「dark」は暗状態での測定）

フレキシブル性を高めるためのキーポイントの一つは，高導電率を小さい曲率半径まで維持できる透明電極にある。これに対する工夫として，例えば，酸化亜鉛（ZnO）ナノワイヤーを用いた色素増感太陽電池[7]，還元型酸化グラフェン（rGO）を用いたポリマー太陽電池[8]，半透明の金電極を用いたポリマー太陽電池[9]，半透明の銀電極を用いたペロブスカイト太陽電池[10]，導電性高分子を用いたポリマー太陽電池[11]など，従来広く用いられている酸化インジウムスズ（ITO）やフッ素ドープ酸化スズ（FTO）とは異なる透明電極材料が使われるようになってきている。特に，文献11）の例では，厚さ1.4マイクロメートルという極薄ポリマーフィルムを基板に用いることで，ガラス基板と同等のエネルギー変換効率を十数マイクロメートルの曲率半径まで維持している。

6．4　電波利用エナジーハーベスター

フレキシブルなアンテナパターンは，非接触IDカードや商品の万引き防止のためのシールなどですでに広く使われている。また，整流や昇圧のための回路も超小型化が可能であるほか，整流機能をアンテナに組み込んだレクテナも多数開発されていることから，すでに実用レベルの技術である。ただし，環境に飛び交っている電波を成り行きまかせで収穫しようとしても十分なエネルギー密度が期待できず（表1），サブミリワットクラスの出力を得るためにメートルスケールのアンテナが必要になる[12]。従って本書における中心的用途を考える場合には，無線給電を目的とした専用の送信器との組み合わせシステムで用いる場合に限定されると思われる。なお，アンテナパターンの形成には，ポリマーフィルムの上に導電性パターンを印刷する方法などがある[13]。

送受電ペアで構成されるシステムとしては，このほかにも送信コイルと受信コイルを近接させたときの電磁誘導を用いる「電磁誘導方式」や電磁界の共鳴現象を利用した「電磁界共鳴方式」がある。これらは，いわゆる非接触給電[14]の王道として，すでに国際規格[15]のもと利用が広がっている。

6.5　振動・圧力利用エナジーハーベスター

表2に，振動や圧力変動などの力学的エネルギーを収穫する主な基本原理を示す。受け取る力学的エネルギーは，一般的に力×移動距離で表される。従って，可動部の動きを大きくとることができ，かつ，それを保持する硬いデバイス構造が許される場合には，変換効率の点でも機械的可動部を有する発電機構が有利である。しかし，フレキシブル用途前提ではこの方法が使えるケースは極めて限定的となることから，ここでは，材料変形を用い，かつ，配線が単純な，圧電効果を用いるエナジーハーベスター[16]について考える。

まず，環境振動に対する共振を利用する場合を考える。例えば，板バネと錘のような振動子について，板バネに圧電素子を組み込むことで発電が可能である。このとき，一定の環境振動から振動子が受け取る最大のエネルギーは，

$$E = \frac{2mAB\omega^3}{\pi} \tag{1}$$

で表される。ここで，mは錘の質量，Aは錘の可動最大振幅，Bは環境振動の振幅，ωは環境振動の角振動数である。マクロなフレキシブル性のために振動子を微細にすると，mとAが小さくなるために，これらの積が長さスケールの4乗に比例して急激に小さくなってゆく。微細化につれて振動子の共振周波数が高くなることで，受け取り得る最大エネルギーの低下は緩和される

表2　力学的エネルギーのハーベスティング原理

	磁場変化	電場変化
機械的可動部を用いる	電磁誘導	静電誘導
材料の変形を用いる	逆磁歪効果	圧電効果

が，一般に生体や生活環境に期待される振動の周波数は低いことから，そのような用途に不向き
となる。そのため，振動子を用いるエナジーハーベスターは，機械などの高周波振動が常に存在
している環境においてのみ有力な選択肢となる。

　より低い振動数の振動や，不定期かつゆっくりとした運動からエネルギーを収穫する場合は，
力を材料の変形として受け止める方法が有効である。この場合，受け取る力学的エネルギーは力
×変形量であるから，マイクロ～ミリワット級エナジーハーベスターとして小さな力を収穫する
場合には，塑性変形を起こさない範囲でなるべく受け取る力に対して十分変形することが必要と
なる。これは，柔らかい材料を使うだけでなく，テコとして働くデバイス構造を作り込むことで
も調整可能である。例えば，湾曲した金属板の両端を圧電材料板に接合する簡単な機構で，湾曲
金属板を押し込む力を圧電板を強く引っ張る力に変換するデバイス[17]などが報告されている。
また，フレキシブル基板上に成膜された強誘電体薄膜では，基板の曲げによる薄膜への応力とし
て同様の力変換がなされる。

　このタイプのフレキシブルエナジーハーベスターとしては，例えば，弾性基板上にチタン酸ジ
ルコン酸鉛（PZT）のストライプ状薄膜を形成したもの[18]，チタン酸鉛（$BaTiO_3$）を電極で挟
んだ構造をシリコン基板上で作製し，それをポリマー基板に転写したもの[19]，ポリマー基板上で
ZnOナノロッドアレイとポリフッ化ビニリデン（PVDF）を複合化したもの[20]など，多くの研究
がなされている。

6.6　熱利用エナジーハーベスター

　フレキシブルエナジーハーベスターで熱を収穫する場合，ゼーベック効果を用いる場合がほと
んどである。ゼーベック効果を用いる熱電変換素子は，p型とn型の半導体ブロックを図5のよ
うに交互に並べ，それを電流経路に沿ってp－n－p－…と多数直列接続なるように素子の高温側
（この図では上）と低温側（同下）で交互に接続された構造を用いる。一部の特殊な場合を除き，

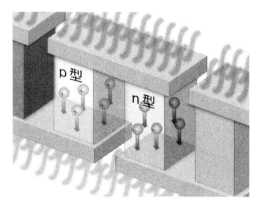

図5　熱電変換素子の基本構造
（「π型」と呼ばれるセル構造が多数直列接続されている）

この「π型」と呼ばれる構造が基本であり，熱流を有効に電気エネルギーに変換させるために，素子の体積はできるかぎり活性材料である熱電材料によって占められるようになっている。

熱電材料の性能は，ゼーベック係数（a），導電率（σ），熱伝導率（κ），および，絶対温度（T）によって決まる無次元性能指数，

$$ZT = \frac{a^2 \sigma T}{\kappa} \tag{2}$$

で表され，実用性の目安は$ZT > 1$と言われている。これに対して，期待される最大のエネルギー変換効率は，

$$\eta = \frac{T_{\mathrm{H}} - T_{\mathrm{L}}}{T_{\mathrm{H}}} \cdot \frac{\sqrt{1+ZT}-1}{\sqrt{1+ZT}+\frac{T_{\mathrm{L}}}{T_{\mathrm{H}}}} \tag{3}$$

で表される。ここで，T_{H}およびT_{L}はそれぞれ素子の高温側および低温側の温度である。(3) 式の第1因子が，環境エネルギーを比較した際に述べた熱力学的なカルノーの限界である。高温側の温度を300℃，低温側を室温とした場合，理論エネルギー変換効率はZTが1を超えることでようやく10%を超える。まして，人体や身の回りにある熱源の温度は室温プラス10℃程度と考えると，生活環境におけるエナジーハーベスティングでは，変換効率は0.5%前後にしかならない。従って，少しでも多くの廃熱エネルギーを収穫するために，素子の大面積化が望ましい。

フレキシブルな熱電変換素子を作るには素子の厚みはなるべく薄くしたいところであるが，それには熱回路的な制約がある。エナジーハーベスティング用途では，高温側と低温側のいずれか一方あるいは両方を空気との熱交換に頼ることになるため，そこでの熱コンダクタンスが素子に印加される温度差を制限するからである。図6に，人体に熱電変換素子を貼り付けて低温側を自然空冷とする場合に，素子厚みおよび熱伝導率によって出力がどのように変化するかを計算した結果を示す。熱伝導率0.1 W/Kmというのは，有機材料の中でも小さいほうである。この計算から，フレキシブル熱電変換素子で十分な出力を得るためには，かなり小さい熱伝導率と2 mm程度以上の厚みが必要であることがわかる。このことから，熱伝導率が本質的に小さく，厚みがあっても柔軟性を得やすい有機材料が有利であることが推測される。

変換効率を最優先とする場合，無機半導体材料を熱電材料として用いて図5のような堅固な構造を作製することになるため，典型的な熱電変換素子はフレキシブルエナジーハー

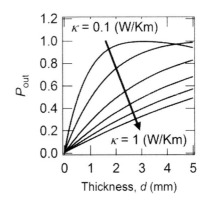

図6　熱電変換素子における出力の温度勾配方向素子厚みと熱伝導率依存性計算結果
（ZTは熱伝導率によらず一定で，低温側は自然空冷とする場合を仮定）

ベスター向きではなかった。しかし，近年様々な材料と構造を用いたフレキシブル熱電変換素子の発表が急速に増えてきている。例えば，シリカ繊維にニッケルと銀をストライプ状に蒸着した繊維状のもの[21]，室温付近での高性能熱電材料として知られているSb$_2$Te$_3$とBi$_2$Te$_3$の薄膜パターンをカプトンフィルム上にスパッタリング法で形成したもの[22]，カーボンナノチューブ（CNT）に効果的なn型ドーピングを施し，p型とn型のCNT薄膜パターンをポリマー基板上に形成したもの[23]，複数のポリマーとCNTの複合材料の薄膜をフィルム上にパターン化したもの[24]などがある。これら多くのフレキシブル熱電変換素子についての研究は，薄いフィルム状デバイスの面内方向に温度差を与えるデバイス構造を用いている。そのような熱流設計は，デバイス作製が簡単であるというメリットはあるが，フレキシブルエナジーハーベスターとしての使い方が限定される。より実用的な，厚み方向に温度差を与えるフレキシブル熱電変換素子としては，例えば，カーボンナノチューブ（CNT）／ポリスチレン複合材料の高粘度インクをステンシル印刷することによって150 μm厚の厚膜パターンを形成したもの[25]や，CNT／ポリマー複合材料を紡糸して，p／nストライプ状にドーピングしたものを厚い布に縫い込んだもの[26]などがあるが，現時点では少数である。今後，厚みとフレキシブル性を両立させる熱電材料とデバイス構造および作製法の総合的な開発が望まれる。

文　　　献

1）　エネルギーハーベスティングコンソーシアム，http://www.keieiken.co.jp/ehc/

2）　S. Priya and D. J. Inman Ed., "Energy Harvesting Technologies", Springer（2009）

3）　W. Shockley and H. J. Queisser, *J. Appl. Phys.*, **32**, 510（1961）

4）　Y. Ichikawa, T. Yoshida, T. Hama, H. Sakai, and K. Harashima, *Sol. Energ. Mat. Sol. Cells*, **66**, 107（2001）

5）　㈱リコーのプレスリリース，https://jp.ricoh.com/release/2014/0611_1.html

6）　K. Murakawa, M. Kobayashi, O. Nakamura, and S. Kawata, *IEEE Eng. Med. Biol. Mag.*, **18**, 70（1999）

7）　C. Y. Jiang, X. W. Sun, K. W. Tan, G. Q. Lo, A. K. K. Kyaw, and D. L. Kwong, *Appl. Phys. Lett.*, **92**, 143101（2008）

8）　Z. Yin, S. Sun, T. Salim, S. Wu, X. Huang, Q. He, Y. M. Lam, and H. Zhang, *ACS Nano*, **4**, 5263（2010）

9）　B. Zimmermanna, H.-F. Schleiermacherb, M. Niggemanna, and U. Würfela, *Sol. Energ. Mat. Sol. Cells*, **95**, 1587（2011）

10）　C. Roldan-Carmona, O. Malinkiewicz, A. Soriano, G. Minguez Espallargas, A. Garcia, P. Reinecke, T. Kroyer, M. I. Dar, M. K. Nazeeruddin, and H. J. Bolink, *Energy Environ. Sci.*, **7**, 994（2014）

11)　M. Kaltenbrunner, M. S. White, E. D. Głowacki, T. Sekitani, T. Someya, N. Serdar Sariciftci, and S. Bauer, *Nat. Comm.*, **3**, 770（2012）

12)　北沢祥一，鴨田浩和，伴弘司，久々津直哉，小林聖，信学技報，WPT2013-26（2013）

13)　産業技術総合研究所プレスリリース，http://www.aist.go.jp/aist_j/press_release/pr2012/pr20120213_2/pr20120213_2.html

14)　http://techon.nikkeibp.co.jp/article/WORD/20070326/129509/

15)　https://www.wirelesspowerconsortium.com/jp

16)　S. P. Beeby, M. J. Tudor, and N. M. White, *Meas. Sci. Technol.*, **17**, R175（2006）

17)　A. Daniels, M. Zhu, and A. Tiwari, *J. Phys.: Conf. Ser.*, **476**, 012047（2013）

18)　Y. Qi, N. T. Jafferis, K. Lyons Jr., C. M. Lee, H. Ahmad, and M. C. McAlpine, *Nano Lett.*, **10**, 524（2010）

19)　K.-I. Park, S. Xu, Y. Liu, G.-T. Hwang, S.-J. L. Kang, Z. L. Wang, and K. J. Lee, *Nano Lett.*, **10**, 4939（2010）

20)　M. Lee, C.-Y. Chen, S. Wang, S. N. Cha, Y. J. Park, J. M. Kim, L.-J. Chou, and Z. L. Wang, *Adv. Mater.*, **24**, 1759（2012）

21)　A. Yadav, K. P. Pipe, M. Shtein, *J. Power Sources*, **175**, 909（2008）

22)　L. Franciosoa, C. De Pascalia, I. Farellaa, C. Martuccia, P. Cretia, P. Sicilianoa, A. Perroneb, *J. Power Sources*, **196**, 3239（2011）

23)　Y. Nonoguchi, K. Ohashi, R. Kanazawa, K. Ashiba, K. Hata, T. Nakagawa, C. Adachi, T. Tanase, and T. Kawai, *Sci. Rep.*, **3**, 3344（2013）

24)　N. Toshima, K. Oshima, H. Anno, T. Nishinaka, S. Ichikawa, A. Iwata, Y. Shiraishi, *Adv. Mater.*, **27**, 2246（2015）

25)　K. Suemori, S. Hoshino, and T. Kamata, *Appl. Phys. Lett.*, **103**, 153902（2013）

26)　M. Ito, R. Abe, H. Kojima, R. Matsubara, and M. Nakamura, 8th Int. Conf. on Mol. Electron. and Bioelectronics（Tokyo, Japan）, abs. p.225（2015.6.24）E-P06

第3章　情報通信・サイバー関連

1　歩行映像解析によるバイオメトリック個人認証

槇原　靖[*1]，村松大吾[*2]，八木康史[*3]

1.1　はじめに

　古くは，シェイクスピアのテンペストの一節に "High'st Queen of state, Great Juno comes; I know her by her gait" とあるように，遠方にいる家族や友人をその歩き姿で識別できた経験を多くの人が持つのではないだろうか。実際に，精神生理学の分野では，人が歩き姿から友人を識別する実験例が報告されており[1]，生体運動学の分野では，人の歩行を関節部に取り付けた点光源のみで表現するという限られた情報からでも，人が個人を識別できることが報告されている[2]。更には，近年，歩行映像をコンピュータビジョンやパターン認識の技術によって自動的に解析して，個人を認証する研究も盛んに行われている[3]。このような歩き方の個性に基づく個人認証は，歩容認証[3]と呼ばれ，顔認証と並び，非接触の映像解析に基づく生体情報（バイオメトリクス）として注目を集めている。特に，顔認証が適用できないような遠方からの低解像度で撮影された映像（例えば，人物の高さが30画素程度）・後方から撮影された映像・顔をヘルメットや目出し帽で隠した場合であっても利用できることから，防犯カメラ映像に基づく新たな個人識別法[4]として，犯罪捜査等への利用の期待も高い。

　本節では，これまでに提案されている歩容認証手法を概説すると共に，歩容認証を困難にする観測方向変化に対する頑健性を向上させる取り組みを紹介し，今後の展望を述べる。

1.2　歩容認証の流れと特徴表現

1.2.1　歩容認証の流れ

　歩容認証の流れを，図1を参照しつつ概説する。

（a）入力画像の取得：多くの場合は単一カメラにより入力画像を取得する。セキュリティレベルの高い場所等，複数台の同期カメラにより撮影する場合や，距離センサを併用して撮影する場合には，後段処理において，3次元的な解析を行うことも可能である[5,6]。

（b）前処理：処理対象となる人物の検出や追跡，また，後述の見えに基づく特徴表現を用いる

＊1　Yasushi Makihara　大阪大学　産業科学研究所　第一研究部門
　　　　　　　　　　　　複合知能メディア研究分野　准教授

＊2　Daigo Muramatsu　大阪大学　産業科学研究所　第一研究部門
　　　　　　　　　　　　複合知能メディア研究分野　准教授

＊3　Yasushi Yagi　大阪大学　理事・副学長

  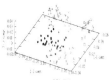

(a) 入力画像の取得　　　　　　(b) 前処理　　　　(c) 特徴抽出　　　(d) 識別

図1　歩容認証の流れ
（見えに基づく特徴表現の場合の例）

図2　シルエット系列に対する台形モデル当てはめの例[10]

場合は，背景差分法等により，対象人物の領域（シルエット）を抽出する。

(c) 特徴抽出：歩行周期を検出して，人体モデル当てはめや，人物領域の統計処理や周波数解析等を行い，歩容特徴を抽出する。

(d) 識別：抽出された特徴間の相違度を算出する。ユークリッド距離による最近傍識別から，主成分分析や判別分析による次元削減，サポートベクターマシンによる計量学習等，各種パターン認識技術を用いて識別を行う。

　上記の手順（c）の特徴抽出は，人体モデルの当てはめにより歩容のパラメタを取得するモデルに基づく特徴表現と，モデル当てはめを行わずに画像の見えの情報を直接的に利用する見えに基づく特徴表現に分類される。以降では，それぞれの特徴表現について概説する。

1.2.2　モデルに基づく特徴表現

　モデルに基づく特徴表現では，人体が関節物体であることを前提に，腕・脚・胴体といった体の部位をリンクで表現し，それらを適当な自由度を持った関節で接続した人体モデルが利用される。その上で，リンクの長さや幅を静的な特徴（体型情報），関節角の系列を動的な特徴（動作情報）として扱うことが一般的である。

　具体例として，Yamらは，腰・膝・足下を質点として表現し，それを線分リンクで結ぶ振り子モデルによって下半身構造を近似している[7]。Bouchrikaらは，楕円フーリエ記述子によって関節角の動きを表現し，ハフ変換を用いて関節点を抽出する手法を提案している[8]。また，体の部位を線分ではなく大きさを考慮したリンクで表現する方法として，Leeらは人体を7つの楕円により表現し[9]，Tsujiらは下半身のリンクを台形によって表現し[10]，シルエット系列への当てはめを行っている（図2）。上記はいずれも2次元モデルの当てはめであるのに対して，Urtasun

らは，人体のリンクを3次元の楕円体により近似するモデルを提案し，複数台の同期カメラを用いて当てはめを行っている[11]。更に，Ariyantoらは，人体のリンクを剛体ではなく弾性体として表現する質量−バネ系の人体モデルを提案している[12]。このようにモデルに基づく特徴表現として様々なものが提案されているが，実際には，人物モデル当てはめには比較的高解像度の映像が必要であることや，人体モデル当てはめの計算コストがかかる等の問題で，現在のところ，後述の見えに基づく特徴表現が主流となっている。

1.2.3　見えに基づく特徴表現

　見えに基づく手法では，歩行映像における人物領域の見えを直接的に捉えて，特徴として抽出する。初期の研究では，NiyogiとAdelsonが，映像中の歩行者と背景の境界面を時空間のxyt空間において解析して，個人性を表現する手法を提案している[13]。また，LittleとBoydは，歩行映像のオプティカルフローを抽出して，その空間的な分布を解析して個人を認証する手法を提案している[14]。

　また，服装の色やテクスチャによる影響を受けないよう，人物のシルエットを用いた特徴表現が数多く提案されている。例えば，Sarkarらは，シルエット系列から歩行周期を検出して，歩行周期分の部分系列を抽出した上で，フレーム同期させながらもう一方のシルエット系列と直接照合するベースライン手法を提案しており[15]，MuraseとSakaiは，周期運動である歩容のシルエット系列をパラメトリック固有空間法によって表現する手法を提案している[16]。また，シルエットの輪郭に着目した手法として，MowbrayとNixonは，シルエットの輪郭の時空間的な変化をフーリエ記述子によって表現し[17]，Wangらは，シルエット中心から各輪郭点までの距離系列を特徴としている[18]。

　これらは，時系列情報を直接的に照合する手法であるのに対して，時系列情報を歩行周期に基づいて時間非依存の統計情報に変換する手法も提案されている。その代表例が，一歩行周期でシルエットを平均化した歩容エネルギー画像（Gait energy image, GEI, または平均シルエットと呼ばれる）[19, 20]である（図1 (c)）。これらは極めて単純な表現方法ではあるものの，その実装の容易さ，計算コストの低さ，認証精度の高さ等の点で，歩容認証の研究において最も幅広く用いられている特徴表現である。また，このような統計的な特徴の派生系として，平均シルエットに加えて，時間方向のフーリエ解析による低周波の振幅スペクトルを利用する周波数領域特徴（Frequency-domain feature, FDF）[21]（図3 (a)），オプティカルフローの方向別強度を歩行周期で平均化する歩容動き記述子（Gait motion descriptor, GMD）[22]（図3 (b)），シルエット輪郭に歩容の位相（片脚支持相や両脚支持相）に応じて色付けして平均化するクロノ歩容画像（Chrono-gait image, CGI）[23]等が提案されている。また，GEIに対する変換処理を施す手法も提案されており，動き成分を強調する歩容エントロピー画像（Gait entropy image, GEnI）[24]，GEIに対して空間的な周波数解析であるガボールフィルタを適用したGabor GEI[25]（図3 (c)）等が提案されている。

　これらの見えに基づく特徴表現は，先に述べた高精度・低計算コストという利点を生かして，

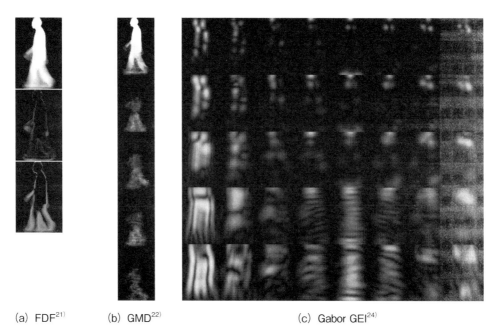

(a) FDF[21]　　　　(b) GMD[22]　　　　　　　　　　(c) Gabor GEI[24]

図3　見えに基づく歩容特徴の例

（a）上段：直流成分，中段：1倍周波数成分，下段：2倍周波数成分，（b）上段：静止成分，2段目以降：それぞれ左・右・上・下方向の動き成分，（c）行方向がスケール変化，列方向が方向変化を表す。

幅広く用いられている一方，観測方向や服装変化による見えの変化による影響を受けやすいという問題点もある。よって，条件変化への頑健性を向上させるような機械学習手法と合わせて用いられることが一般的である。

1.3　観測方向変化に頑健な手法

　実環境においては，様々な方向へ歩く人物が，様々な取り付け姿勢の防犯カメラによって撮影されることから，観測方向変化に対して頑健な歩容認証手法が望まれる。本項では，基準方向から見た歩容特徴を生成することで，同一観測方向下で特徴を照合する生成的アプローチと，観測方向変化に頑健な識別空間の構築や計量学習を行う識別的アプローチの各々について，代表的な手法を紹介する。

1.3.1　生成的アプローチ

　生成的アプローチは，幾何的なアプローチと学習に基づくアプローチに大別される。幾何的なアプローチとして，Kaleらは，カメラから遠く離れた人物を対象として，弱中心投影の仮定に基づいて人物の歩容が矢状面（動物を左右に分割する垂直面）内で表現されるものとして，ホモグラフィ変換により基準方向（側面）への特徴を変換する手法を提案している[26]。また，Shakhnarovichらは，複数の同期カメラを用いた視体積交差法により3次元歩容データを作成し，

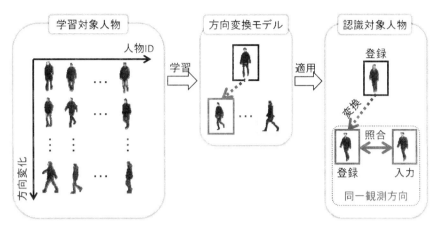

図4　方向変換モデルの枠組み[21]

任意観測方向の映像を生成することで，同一観測方向下での照合を実現している[5]。

　一方，学習に基づく手法として，Makiharaらは，学習対象人物（例えば，研究室の学生等の協力的な被験者）から様々な観測方向の歩行映像を収集し，方向変化に対応した歩容特徴変化のモデルを学習し，認識対象人物の歩容特徴の方向を変換している[21]（図4）。この方向変換モデルの枠組みは，学習対象人物の3次元モデルを構築して任意視点へ拡張した手法[28]，方向変化モデルの当てはまり度合いを照合の際に考慮する手法[29]，方向変化による影響領域を限定してサポートベクター回帰で方向を変換する手法[27]等，様々な拡張がなされている。

1.3.2　識別的アプローチ

　識別的アプローチでは，学習対象人物から得られる観測方向変化を伴うデータを用いて，識別に適した特徴空間を構築することや相違度の計量を学習する。LuとTanは，線形判別分析の考え方を拡張した無相関判別単体分析を提案し[30]，また，Mansurらは，観測方向毎に異なる射影を適用して，より識別性の高い空間を学習するMulti-view discriminant analysis（MvDA）と呼ばれる手法を用いて[31]，それぞれ観測方向変化に頑健な歩容認証を実現している。また，近年の多くのパターン認識分野で成功を収めている深層学習を利用した手法も存在する。Shiragaらは，GEIを入力とした畳み込みニューラルネットワークであるGEINetを提案し（図5），大規模歩容データベースにおいて生成的アプローチによる認証精度を大幅に上回る性能を示している[32]。また，Wuらは，様々な入力特徴やネットワーク構造から出力される相違度をスコアレベルで統合することで，更なる精度向上を報告している[33]。

1.4　おわりに

　本節では，歩き方の個性に基づく個人認証である歩容認証について取り上げ，その認証の流れや特徴表現，また，観測方向変化への頑健性向上に関する最新事例を交えて紹介した。現在の歩

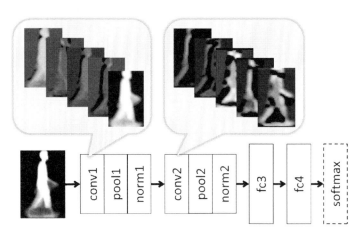

図5　GEINet[32]

conv, pool, norm, fcは，それぞれ，畳み込み層，プーリング層，正規化層，全結合層を表す。
各畳み込み層の上部の画像は，フィルタ出力の例を表している。

容認証手法を用いると，ある程度整った条件下においては，約3,000人の被験者から97.5%の１位認証率が得られることが報告されている[34]。また，これらの歩容認証手法は，世界各国の科学捜査の場面において実利用が進みつつある[35]。

　その一方で，現在主流となっているシルエットに基づく手法は，シルエット品質によって精度が大きな影響を受けることから，シルエット抽出方法の改善[36] や，シルエットを用いない立体高次局所自己相関を用いた手法[37]，時空間特徴点に基づく手法[38] 等，今後の歩容認証の実用化に向けては更なる改良が必要である。

文　　　献

1)　Kozlowski, L. T. and Cutting, J. E., *Perception & Psychophysics*, **21**(6), 575-580 (1977)

2)　Stevenage, S., Nixon, M., Vince, K., *Applied Cognitive Psychology*, **13**, 513-526 (1999)

3)　Nixon, M. S., Tan, T. N., and Chellappa, R., Human Identification Based on Gait, Springer-Verlag, New York (2005)

4)　平成26年度警察白書, https://www.npa.go.jp/hakusyo/h26/youyakuban/youyakuban.pdf (Accessed on Aug. 30, 2016)

5)　Shakhnarovich, G., Lee, L., and Darrell, T., *Proc. of the 14th IEEE Conf. on Computer Vision and Pattern Recognition*, **1**, 439-446 (2001)

6)　Nakajima, H., Mitsugami, I., and Yagi, Y., *IPSJ Trans. on Computer Vision and Applications*, **5**, 94-98 (2013)

7) Yam, C., Nixon, M. S., and Carter, J. N., *Pattern Recognition*, **37**(5), 1057-1072 (2004)

8) Bouchrika, I. and Nixon, M., *Proc. of the 8th IEEE Int. Conf. on Automatic Face and Gesture Recognition*, 1-6 (2008)

9) Lee, L. and Grimson, W., Proc. of the 5th IEEE Conf. on Face and Gesture Recognition, **1**, 155-161 (2002)

10) Tsuji, A., Makihara, Y., and Yagi, Y., *Proc. of the 23rd IEEE Conf. on Computer Vision and Pattern Recognition*, 717-722 (2010)

11) Urtasun, R. and Fua, P., *Proc. of the 6th IEEE Int. Conf. on Automatic Face and Gesture Recognition*, 17-22 (2004)

12) Ariyanto, G. and Nixon, M. S., *Proc. of the 5th IAPR Int. Conf. on Biometrics*, 354-359 (2012)

13) Niyogi, S. A. and Adelson, E. H., *Proc. of the 7th IEEE Computer Society Conf. on Computer Vision and Pattern Recognition*, 469-474 (1994)

14) Little, J. and Boyd, J., *Videre, Journal of Computer Vision Research*, **1**(2), 1-32 (1998)

15) Sarkar, S., Phillips, P. J., Liu, Z., Vega, I. R., Grother, P., and Bowyer, K. W., *IEEE Trans. on Pattern Analysis and Machine Intelligence*, **27**(2), 162-177 (2005)

16) Murase, H. and Sakai, R., *Pattern Recognition Letter*, **17**, 155-162 (1996)

17) Mowbray, S. D. and Nixon, M. S., *Proc. of the 1st IEEE Int. Conf. on Advanced Video and Signal Based Surveillance*, 566-573 (2003)

18) Wang, L., Tan, T., Ning, H., and Hu, W., *IEEE Trans. on Pattern Analysis and Machine Intelligence*, **25**(12), 1505-1518 (2003)

19) Han, J. and Bhanu, B., *IEEE Trans. on Pattern Analysis and Machine Intelligence*, **28**(2), 316-322 (2006)

20) Liu, Z. and Sarkar, S., *Proc. of the 17th Int. Conf. on Pattern Recognition*, 211-214 (2004)

21) Makihara, Y., Sagawa, R., Mukaigawa, Y., Echigo, T., and Yagi, Y., *Proc. of the 9th European Conf. on Computer Vision*, **3**, 151-163 (2006)

22) Bashir, K., Xiang, T., and Gong, S., *Proc. of the 20th British Machine Vision Conf.*, 1-11 (2009)

23) Wang, C., Zhang, J., Pu, J., Wang, L., and Yuan, X., *IEEE Trans. on Pattern Analysis and Machine Intelligence*, **23**(11), 2164-2176 (2012)

24) Bashir, K., Xiang, T., and Gong, S., *Proc. of the 3rd Int. Conf. on Imaging for Crime Detection and Prevention* (2009)

25) Tao, D., Li, X., Wu, X., and Maybank, S.J., *IEEE Trans. on Pattern Analysis and Machine Intelligence*, **29**(10), 1700-1715 (2007)

26) Kale, A., Roy-Chowdhury, A., and Chellappa, R., *Proc. of IEEE Conf. on Advanced Video and Signal Based Surveillance*, 143-150 (2003)

27) Kusakunniran, W., Wu, Q., Zhang, J., and Li, H., *IEEE Trans. on Circuits and Systems for Video Technology*, **22**(6), 966-980 (2012)

28) Muramatsu, D., Shiraishi, A., Makihara, Y., Uddin, M. Z., and Yagi, Y., *IEEE Trans. on Image Processing*, **24**(1), 140-154 (2015)

29) Muramatsu, D., Makihara, Y., and Yagi, Y., *IEEE Trans. on Cybernetics*, **46**(7), 1602-1615

（2016）

30) Lu, J. and Tan, Y.-P., *Pattern Recognition Letters*, **31**(5), 382-393（2010）

31) Mansur, A., Makihara, Y., Muramatsu, D., and Yagi, Y., *Proc. of the 2nd IEEE/IAPR Int. Joint Conf. on Biometrics*, **20**, 1-8（2014）

32) Shiraga, K., Makihara, Y., Muramatsu, D., Echigo, T., and Yagi, Y., *Proc. of the 8th IAPR Int. Conf. on Biometrics*, 1-8（2016）

33) Wu, Z., Huang, Y., Wang, L., Wang, Z., and Tan, T., *IEEE Trans. on Pattern Analysis and Machine Intelligence*, online version（doi: 10.1109/TPAMI.2016.2545669）

34) El-Alfy, H., Mitsugami, I., Yagi, Y., *Prof. of Human Gait and Action Analysis in the Wild: Challenges and Applications*（2014）

35) Bouchrika, I., Goffredo, M., Carter, J. N., and Nixon, M. S., *Journal of Forensic Sciences*, **56** (4), 882-889（2011）

36) Makihara, Y., Tanoue, T., Muramatsu, D., Yagi, Y., Mori, S., Utsumi, Y., Iwamura, M., and Kise, K., *IPSJ Trans. on Computer Vision and Applications*, **7**, 74-78（2015）

37) Kobayashi, T. and Otsu, N., *Proc. of the 17th Int. Conf. on Pattern Recognition*, **3**, 741-744（2004）

38) Kusakunniran, W., *Image Vision Computing*, **32**(12), 1117-1126（2014）

2 センサデータに基づく情報システムの構築

沼尾正行*

2.1 センサデータに基づく音楽コンテンツ生成

近年，人間に対する学際的理解を深めるため，感性を扱う研究が盛んに行われている。音楽に関する分野でも，音楽が人間の感性に与える影響についての研究や，人間の感性を用いた音楽検索など，感性に関連する幅広い研究が行われてきている。筆者らは，人間の感性を学習し，得られた知識を用いて個人の嗜好に沿った楽曲を自動生成する手法を開発してきた。

この手法では，感性を学習するためにユーザに既存の楽曲を聴かせて，手入力で感性毎に5段階評価を付けるSD法（Semantic Differential Method）により評価値を得る。次に，楽曲の情報とユーザの評価値から，ユーザの感性と関連のある楽曲構造を，帰納論理プログラミング（ILP）を用いて一階述語論理形式で学習する。得られた述語を基に適合度関数を構成し，遺伝的アルゴリズム（GA）によって作曲を行う。しかしながら，SD法では訓練曲を1曲ごとにしか評価することができず，学習に十分な評価データを得るのに多大な時間がかかっていた[1]。

そこで，生理－生体信号である脳波を解析し，楽曲の評価付けを行う手法について述べよう[2]。脳波は連続データとして得られるため，これを解析することにより，楽曲提示中の感性の変化を知ることができる。このため，楽曲をより細かい小節単位で評価できるようになり，1曲から多数の訓練例を得ることが可能となるため，学習に十分な訓練例を短時間で評価することができる。

本手法の流れを図1に示す。脳波の解析には㈱脳機能研究所が開発したESA-16を用い，感性スペクトル解析法により行った。これは，予め定めたマトリクスを用いて，脳内活動によって生み出される頭皮上電位分布の相関パターンを入力として，喜怒哀楽などの感性を数値化して出力させるものである。

楽曲を1小節ごとに分けてそれぞれを訓練曲とし，各訓練曲に直前の2小節の楽曲情報を加える。感性は1小節のみからではなく，前の小節からの流れの影響があって初めて喚起されると考えられるからである。また，このことにより和音列についての情報が得られる。次に感性スペクトル解析によって得られる0.64秒ごとの各感性の数値化されたデータを1小節分ごとに切り出して平均化し，ある閾値に基づき5段階に評価付けする。この評価値と訓練曲を対応させ，訓練例とする。閾値はユーザの全曲を通しての感性の平均値と，最大値，最小値から個別に算出されるもので，定常状態の違いや，感性の振幅の違いなどの個人差を吸収できるように定めた。

本手法により，SD法に比べて提示する楽曲数が大幅に少なくなるため，以前より1曲1曲の提示楽曲が重要になってくる。そこで過去の33人分のSD法の評価データを解析し，感性の喚起されやすい楽曲を選んだ。ほぼ全ての人が同じ感性を喚起される曲，人によって感じ方に差の出る曲を感性の指標それぞれについて，まんべんなく選んだ。検定の結果，悲しみ（sad）につい

＊　Masayuki Numao　大阪大学　産業科学研究所　大学院情報科学研究科　教授

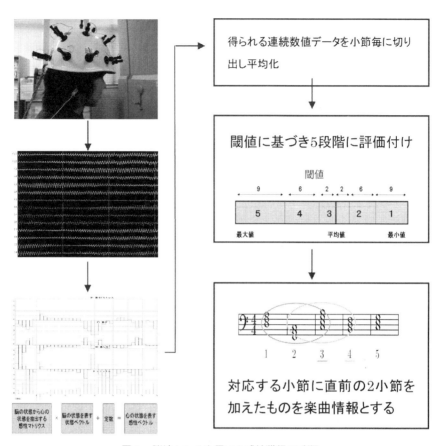

図1　脳波センサを用いた感性獲得の手順

ては被験者の感性に応じた作曲を行えることを確認した。

　従来の手法では，訓練曲を75曲聴いて評価を手入力する必要があり，どんなに早い人でも評価に1時間はかかっていた。提案の手法では，訓練曲を14曲聴くだけで162小節それぞれについて訓練例を得ることができ，心理実験の時間を約10分に短縮することができる計算である。実際には，感性の変化はゆっくりしたものであり，小節それぞれを訓練例とするのは，無理がある。しかしながら，評価のための適切なウィンドウサイズを設定することにより，かなり正確に感性を検出できることが，実験的に示されている[7]。

2.2　共感空間：人の感情と行動を考慮するアンビエントシステム

　我々は，人の行動が感情や意図によって生じるという事実から，人に対してシステムが働きかけをする際に生じるその人の行動と感情の関係を考慮したアンビエントシステムの構築を目指している。このようなシステムを共感空間（Empathic Space）と呼ぶことにする。フィリピンのデラサール（De La Salle）大学と協力して，部屋の中を想定した2つの共感空間を構築した（図2）。

共感空間には下記に挙げる機能が必要である。これらに必要な情報を得るために各種のセンサやカメラなどを用いている（図3）。

- 個人同定：顔画像や声，歩き方，輪郭などからユーザを同定する。
- 感情認識：個人同定と同じ情報からユーザの感情状態を知覚推論する。
- 行動パターン抽出：ユーザの行動履歴からユーザの行動パターンを見つけ出す。
- 環境状況と行動の関係導出：温度や湿度，明るさ，周囲の音声といった環境状況とユーザの行動の関係を求める。

センサなどから得られた情報を用いて共感空間を実現するための手段として，我々は「共感学習（Empathic Learning）」の研究を行っている。ここで言う共感学習とは，ユーザの感情変化の不十分なモデルの下で，システムがユーザの振舞いからどのように感情状態を認識し，適切な共感的応答を行うためにはどのようにユーザに働きかければ良いかを学習することである[3]。共感学習を実現する手法の条件として，ラベル無しデータとラベル付きデータを同時に扱えること，属性選択を動的に行えること，そしてユーザとのやりとりから学習できることが挙げられる[4]。また，ユーザの習慣行動をモ

図2　沼尾研究室（上）とデラサール大学（下）の共感空間

図3　現在設置されているセンサの例

デル化するためには，それに伴う感情のモデル化が必要であることが確認された[4]。ユーザの感情状態の推定に関連する属性のみから学習させたところ，出力モデルの予測精度が全ての属性を使うよりも平均して31%向上したという結果が得られている[5]。

2.3　音楽聴取者の生体信号データからのモチーフの発見とそれによる感情の特定

音楽を聴くと感情が生じる。音楽に対する我々の感情的な反応は，音楽の構造と特徴（テン

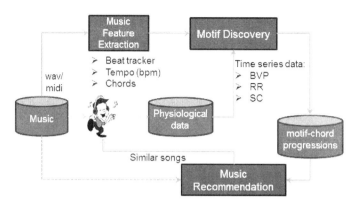

図4　実験環境のダイヤグラム

ポ，音階など）に依存している。音楽の特徴の変化が心理的生体反応に変化をもたらす，という報告がいくつかある。たとえば，悲しい，恐ろしい，もしくは幸せな音楽が心拍数の増加をもたらす。皮膚抵抗により，音楽に対する感情的な反応が推定できるという研究もある。

2.3.1　手法

本研究[6]の実験環境のダイヤグラムを図4に示す。22才の男性の被験者にオーディオテクニカの密閉型ヘッドフォンATH-T400を用いて，83曲を聞いてもらい，データを収集した。その様子を図5に示す。曲としては，和音が完全に記載されていることから，isophonics dataset: http://www.isophonics.net/datasetsを用いた。容積脈波データは，米国Thought Technology社製のBioGraph Infinitiシステムにより測定した。呼吸速度および皮膚抵抗も測定したが，今回の解析では利用していない。

図5　データ収集の様子
容積脈波のセンサを右手人差し指につけて，ヘッドフォンで音楽を聴く。

このデータから，時系列データの解析手法SAX（Symbolic Aggregate Ap-proXimation）を用いて，モチーフを発見した。ここで，モチーフとは，生体信号から得られるデータ部分列のうち，類似したもののことである。モチーフは，聴取者が関心を持った音楽の部分を示している。たとえば，聴取者が曲のその部分によりリラックスしたり，楽しんだりしたことを示す。モチーフの長さをどう決めるかは，曲の速度に依存するため，調整が必要である。ここでは4秒，6秒，8秒の三種類を試みた（表2）。実験全体の流れを図6に示す。

図7は，生体信号の離散化の様子を示している。細いなめらかな線が元の生体信号である。そ

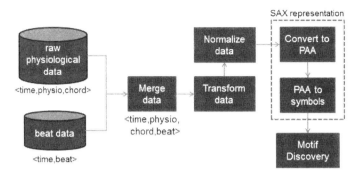

図6　モチーフ発見の流れ

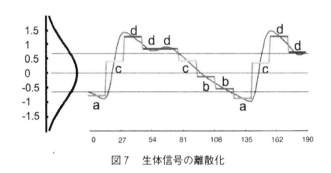

図7　生体信号の離散化

れを，長さ$n = 192$の時系列に分割し，16個ずつまとめて，平均を求め，予め決められた閾値
（Breakpoints）で，a～dの記号に変換する。これにより，時系列データが，acdddcbbacddとい
う長さ$w = 12$の文字列（word）に変換される。

　収集した83曲のデータのうち，64曲分のデータで解析を行った。これらは，被験者を幸せ
（happy）にする（評価値3以上）曲で，テンポが毎分76～168（bpm）のものである。その概要
を表1に示す。それら64曲分の生体信号を表2に示す三種類のパラメータで分析した。nはモ
チーフの時系列長である。それを8個ずつまとめて平均し，文字に変換した。できあがった文字
列（word）長がwである。

2.3.2　結果

　モチーフ発見アルゴリズムは，データセットから最も顕著なモチーフを1つ見つける。図8お
よび図9は，発見したモチーフの例である。モチーフの長さを4秒に設定した場合，64曲中
61曲（95.3％）でモチーフを発見できた。そのうち，64％では，その部分のコード進行が類似し
ていた。このことから，同じような感情的な反応が，共通のコード進行により引き起こされてい
ると言える。

　表3に，長さ4秒に設定された場合に発見されたモチーフの一部を示す。それぞれを引き起こ
した和音進行はかなり類似している。

表1　モチーフ発見に用いられた曲の概要

Key	Tempo			Total
	Andante	Moderato	Allegro	
C	1	1	3	5
D	1	1	7	9
E	3	3	8	14
F	2	1	2	5
F♯	0	0	1	1
G	5	2	3	10
A♭	1	0	0	1
A	5	4	5	14
B♭	1	0	1	2
B	1	1	1	3
Total	20	13	31	64

Andante：76～108 bpm　　　Allegro：120～168 bpm
Moderato：108～120 bpm

表2　パラメータを変化させた3つのデータセット

Set No.	n	w	Sequence length
1	1024	128	8 seconds
2	768	96	6 seconds
3	512	64	4 seconds

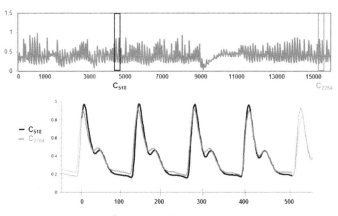

図8　（上）曲 "Please Mister Postman" 聴取時の被験者の容積脈波。長さ512のモチーフC_{518}とC_{2264}を四角で示す。（下）これら2つのモチーフを重ねると，2つの信号がよく似ていることが分かる。

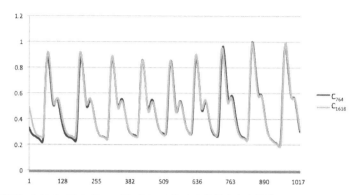

図9　曲“With A Little Help From My Friends”から発見された長さ1024のモチーフC_{764}とC_{1618}

表3　長さ4秒の設定で発見されたモチーフと対応する和音進行

Song	Key	Chord progression	
Act Naturally	G	G–D–G	I–V–I
		G–D	I–V
Dizzy Miss Lizzy	A	D–A	IV–I
		A–D	I–IV
		E–D–A	V–IV–I
For You Blue	D	D–A–D	I–V–I
		D–A	I–V
		D–A–G7	I–V–IV
Good Day Sunshine	A	B7–E7–A	ii–V–I
		F♯–B–F♯	vi–ii–vi
Please Please Me	E	E–A	I–IV
		E–A–B	I–IV–V
		E–A–B–E	I–IV–V–I
With A Little Help From My Friends	E	B–E–B	V–I–V
		F♯m–B–E	ii–V–I
Yesterday	F	B♭/7–Gm–C–F	IV–ii–V–I
		Gm–C–F–F7	ii–V–I–I

2.3.3　まとめ

　本研究では，生体信号から発見されたモチーフに対応する部分の和音進行を調べた。その結果，多くの場合，和音進行が類似していることが分かった。他の特徴も類似していると考えられる。このことから，種々のモチーフと和音進行のライブラリを構築して，音楽の作曲や推薦に利用できると期待される。今後の研究の課題としては，モチーフ発見アルゴリズムの改良が考えられる。モチーフと，曲の和音進行以外の特徴との関連付けも興味深い。より多くの被験者を使って，他の生体信号データ，すなわち，呼吸速度や皮膚抵抗も含めた実験を行うことも計画中である。

文　　献

1) M. Numao, S. Takagi and K. Nakamura, Proc. Eighteenth National Conference on Artificial Intelligence（AAAI-02）, pp. 193-198（2002）

2) T. Sugimoto, R. Legaspi, A. Ota, K. Moriyama, S. Kurihara and M. Numao, *Knowledge-Based Systems*, **21**（3）, pp. 200-208（2008）

3) R. Legaspi, S. Kurihara, K. Fukui, K. Moriyama and M. Numao, Proc. of the 2008 Conference on Human System Interaction, pp. 209-214（2008）

4) R. Legaspi, S. Kurihara, K. Fukui, K. Moriyama and M. Numao, Proc. of the 5th International Conference on Information Technology and Applications（2008）

5) R. Legaspi, K. Fukui, K. Moriyama, S. Kurihara, and M. Numao, In Z. S. Hippe and J. L. Klikowski（eds.）, "Human-Computer Systems Interaction", pp. 233-244, Springer, Berlin/Heidelberg（2009）

6) R. Cabredo, R. Legaspi and M. Numao, Proc. 12th International Society for Music Information Retrieval Conference（ISMIR）, pp. 753-758（2011）

7) R. Cabredo, R. Legaspi, P. S. Inventado and M. Numao, *Journal of Advanced Computational Intelligence and Intelligent Informatics*, **17**（3）, pp. 362-370（2013）

3 ストレッチャブル電極を用いた生体計測システム

吉本秀輔*

3.1 はじめに

近年，世界的な高齢化社会の広がりに伴い，ウェアラブルな常時ヘルスケアデバイスに注目が集まっている。特に，日本は2050年には人口の40%が65歳以上になると予測されており，早急な高齢化対策が望まれている[1]。厚生労働省「国民生活基礎調査」によると，要介護となった原因の内訳のうち，半分以上が脳関連疾患であると報告されている[2]。その中でも，アルツハイマー性認知症によって生じる社会的なコストは年間14.5兆円にも上り，早期の認知症予測・予防技術確立が望まれている[3]。

脳の電気的活動を巨視的に計測する手法として，頭皮上に配置した電極から非侵襲的に計測を行う，脳波（Electroencephalogram，EEG）が広く用いられる[4,5]。近年，導電ペーストのようなウェットな接着媒体を必要としないドライ電極をはじめとして，ウェアラブルな脳波計が多く提案されている[6~8]。しかし，従来の簡易型脳波計の課題として，①硬いドライ電極によって頭皮にストレスが加わり長期的な脳波計測が困難，②ヘッドセットのような固定具が必要となり，個々人の頭の大きさに合わせたサイズが準備できない，③脳波以外の生体信号（心電，眼電，筋電，など）を取得する場合は計測者が別途センサと同期機構を用意する必要があり機能拡張性に乏しい，といった問題があった。

本研究では，従来型の簡易脳波計の課題であった，装着感・機能拡張性といった問題を解決する，ストレッチャブル電極を備えたパッチ式脳波センサを提案する。パッチ式脳波センサは，生体適合性ゲルを有する柔軟電極シートと無線計測が可能な高精度センサシステムから構成される。電極シートは，印刷技術により製造可能なため，計測者及び被験者の用途に応じて電極の形を任意に変更可能である。安価な印刷技術によって製造されるため，低コストかつ使い捨て可能な電極シートが実現できる。高精度センサシステムは，おでこに収まるサイズに設計されており，電極シートとの組み合わせを考慮した開発を行った。電極と皮膚の接触インピーダンスを計測可能な機能を備えており，脳波計測だけでなく電極と肌の接触状況を事前に把握できる。

図1に，パッチ式脳波センサ装着時の外観とソフトウェア及び開発したシステムの全体像を示す。提案するパッチ式センサは，柔軟電極シートとセンサシステムが一体化した構成となっており，電極の長さを最小化できるためノイズの影響を受けづらい。さらに，電極シート上に形成された生体適合性を有するゲルによってシステムごと肌に密着するため，従来の脳波計で必要であったヘッドギア・ヘッドバンドのような固定具を必要としない。

本稿では，パッチ式脳波センサの詳細について，センサシステムの構成，ストレッチャブル電極シートの特徴と製造プロセスについて述べた後，額での脳波計測によって，アルツハイマー病の診断が可能であることについて述べる。

＊ Shusuke Yoshimoto 大阪大学 産業科学研究所 先端電子デバイス研究分野 助教

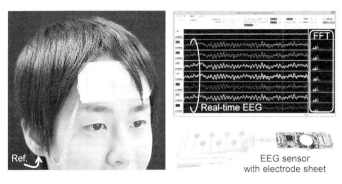

図1　パッチ式脳波センサの外観

図2　ワイヤレスセンサシステム

3.2　ストレッチャブル電極を備えたワイヤレス脳波計測システム

　本項では，ワイヤレスセンサシステム・ストレッチャブル電極シート・接触インピーダンス計測回路技術，に関する詳細について述べる。

3.2.1　ワイヤレス脳波計測センサシステム

　本研究で開発したセンサシステムは，24 bitの電圧分解能を有する8チャネルアナログデジタル変換器（ADC），電圧レギュレータ，3.7 V 200 mAhのリチウムイオンバッテリ，Bluetooth 4.0 low energy（BLE）通信モジュールから構成される。図2に，システムの全体像を記す。センサシステムは，おでこに収まる3 cm×9 cm×6 mmのサイズで設計され重さはわずか12 gである。電圧レギュレータは，アナログ回路に5 V・デジタル回路に2.5 Vを供給しADCの測定可能電圧範囲は±2.5 Vである。8チャネルの内1つはリファレンス用参照電極として動作し，通常は筋肉の少ない耳朶に接続する。本システムでは，電極を全て脳波計測に使うことも可能であるが，電極形状を変えることによって他の生体信号も同時に計測可能であるため，チャネルの一部を脳波以外の計測に用いることが可能である。本システムの消費電流は，動作時22.9 mAであり，連

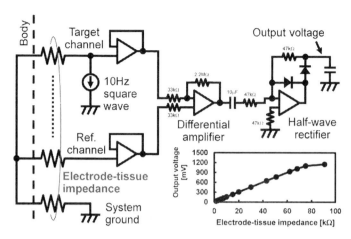

図3　接触インピーダンス計測回路

続して9時間の計測が可能である。サンプリングレートは，チャネル数によって可変であり，1チャネル500 Hz，2〜3チャネル250 Hz，4〜6チャネル125 Hz，7〜8チャネル83.3 Hzで計測を行う。

　脳波計測結果を可視化・保存するため，PC・タブレットで動作が可能なソフトウェアの開発を行った。本システムとBLEで通信し，リアルタイムに波形と周波数解析結果を表示できる。

3.2.2　ストレッチャブル電極シート

　電極シートは，スクリーン印刷技術によって形成され，低コストでの製造が可能である。150%までの伸縮に対応し，抵抗値の変化が少ないといった特徴がある。電極の配線抵抗は，最も長い配線でも1.5 kΩ以下に収まっている。透湿率は，2700 g/m²/day（25 μm厚，JIS Z0208準拠，40℃ and 90%湿度）と高く，おでこに貼っても蒸気を通しやすいためムレにくい。本電極シートは，印刷技術によって製造されるため，ユーザの要望に応じたオンデマンド電極が実現できる。心電，眼電，筋電といった脳波以外の生体信号をモニタリングする場合は，必要な電極構造を印刷によって形成することで，医師やユーザが任意の形状の電極を作製できる。また，生体適合性を有するゲルを電極シート上に形成しており，従来必要であった導電性のペーストなどが不要であるといったメリットがある。

3.2.3　接触インピーダンス計測回路

　図3に接触インピーダンス計測回路の概念図を示す。10 Hzの方形波をターゲットとなるチャネルに印加し，リファレンス電圧となる電極との電圧差を，ボルテージフォロワ及び差動増幅器を通じて増幅し，半波整流してDC電圧として取り出す。図3に，出力電圧と接触インピーダンスの関係を示す。

　本接触インピーダンス計測回路は，電極と肌の間のインピーダンス値を計測できる。提案する回路は，PCBボード上に製造され，3 cm×5 cm×3 mm，5.6 gの小型サイズに設計されている。

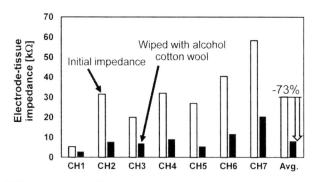

図4　接触インピーダンス計測回路を用いた電極と皮膚の間のインピーダンス値

計測回路は，リファレンスチャネル選択マルチプレクサ・波形生成器・増幅回路・半波整流回路・LEDインジケータから構成され，LED点灯時に7.50 mA，LED非点灯時に4.74 mAで動作する。10 Hzの方形波はターゲットとなるチャネルに接続され，チャネル7または8がリファレンスのチャネルとなる。本回路は，1.5～70 kΩの範囲の接触インピーダンスを計測でき，LEDインジケータはそれぞれ3 kΩ，5 kΩ，20 kΩ，50 kΩを超えると点灯する。

3.3　実測結果

　本研究で行われた生体信号取得実験は，金沢大学附属病院子供の心の発達センターにて実施され，倫理委員会の認承を得て実施されたものである。

　図4に，アルコール脱脂綿で額を拭く前と拭いたあとの接触インピーダンスの実測値を示す。拭く前に比べて，接触インピーダンスの値が平均で73%減少し，10 kΩ以下になっていることが分かる。このように，計測時においては，低ノイズな脳波計測を実施するため，額の角質や皮脂を充分に取り除くことが望まれる。

　図5は30代女性と60代男性の脳波をパッチ式脳波計にて計測した結果を示す。本計測は，電磁シールドは施されていない静寂な実験室にて実施された。被験者はそれぞれ30秒間目を閉じた状態と目を開けた状態を維持し，2秒毎のセグメントで分離した上でFFTをかけ，30秒間の中の15セグメントで平均をとった周波数スペクトルを求めた。目を開けた状態と閉じた状態で，a波に相当する7.5～12.5 Hzのスペクトルにおけるパワーが変化していることが分かる。

　本研究で作製したパッチ式脳波センサと，従来技術である日本光電社のNeurofaxとの比較を行った。Neurofaxのサンプリングレートは500 Hz，パッチ式脳波センサのサンプリングレートは250 Hzで比較を行った。計測点は，Fp1の近傍で，1 cm以内の距離で脳波計測を行った。図6に示すとおり，従来の脳波装置と比べても，高い整合性が確認できる。

3.4　フロンタール脳波を用いたアルツハイマー診断

　本項では，額に装着可能なパッチ式脳波センサを用いて，アルツハイマー診断の可能性がある

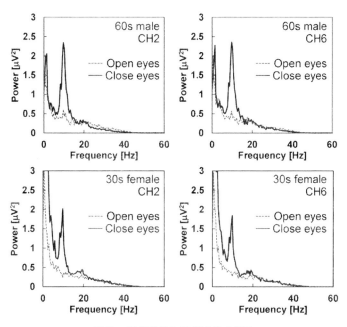

図5　60代男性と30代女性の脳波
（開眼時と閉眼時の周波数スペクトル情報を比較）

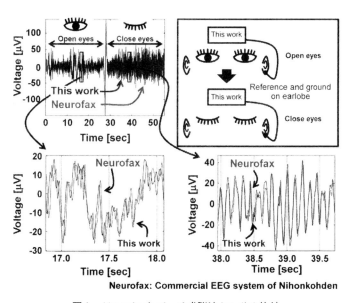

図6　Neurofaxとパッチ式脳波センサの比較

　ことを示す。従来型の10-20システムを使って計測した脳波のうち，フロンタール（Fp1，Fp2，Fz）での計測データを抽出した[9]。

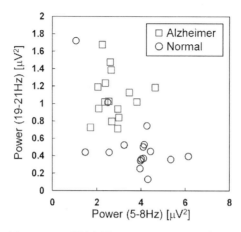

図7　Fp1の脳波を用いたアルツハイマー病診断

3.4.1　被験者

　本研究では，アルツハイマー病と診断された16名と健常者16名を対象として，脳波計測を行った。脳波計測の前には，NINCDS-ADRDAと呼ばれるアルツハイマー診断のテストを実施した。被験者は，11名の女性と5名の男性を対象とし，金沢大学附属病院で診断及び脳波計測を実施した。アルツハイマー病患者の平均年齢は59.4歳（43〜64歳の範囲で，標準偏差5.2歳）であり，アルツハイマー病と診断された年齢は平均56.7歳（43〜64歳の範囲で，標準偏差5.5歳）であった。それぞれの患者は，Mini-Mental State Examination（MMSE）と呼ばれる，アルツハイマー病の進行度テストを実施した。30点満点で，26点以下でアルツハイマー病と診断される。患者のMMSEスコアは10〜26（平均15.7，標準偏差4.6）であった。健常者は，11人の女性と5人の男性で構成され，平均年齢は58.2歳（50〜67歳の範囲で，標準偏差5.3歳）であった。

3.4.2　脳波計測

　被験者は，無響かつ照明の制御が可能な部屋において計測され，10-20法で脳波計測を行った。脳波は耳朶をリファレンスとして計測され，0.1〜60 Hzのバンドパスフィルタを通して記録された。それぞれの被験者は10〜15分間目を閉じた状態で脳波計測を行い，瞬きによるアーティファクトは手動で除去した。

3.4.3　実測結果

　図7に，アルツハイマー病患者と健常者のFp1における脳波について，5〜8 Hzのパワースペクトルと19〜21 Hzのパワースペクトルの関係をプロットした。実測結果から，アルツハイマー病と健常者から得られたスペクトル情報を元に簡易的な診断を行うことが可能であることが分かる。ただし，2名の健常者がこの場合アルツハイマー病と診断されることとなるなど，高精度化及び得られた結果を使った診断方法の確立が今後の課題である。

3.5　まとめ

　本研究では，生体適合性ゲルを有するストレッチャブル電極シートを備えた，パッチ式脳波セ
ンサを提案した。提案した脳波センサは，フロンタールにおける脳波を元にアルツハイマー病の
簡易診断が可能となることを，臨床結果を元に示した。

謝辞

　本研究は国立研究開発法人科学技術振興機構（JST）の研究成果展開事業「センター・オブ・イノベーショ
ン（COI）プログラム」の支援によって行われた。

文　　　献

1)　内閣府，平成28年度版高齢社会白書，http://www8.cao.go.jp/kourei/whitepaper/w-2016/
zenbun/28pdf_index.html

2)　厚生労働省，国民生活基礎調査，http://www.mhlw.go.jp/toukei/list/20-21.html

3)　佐渡充洋，わが国における認知症の経済的影響に関する研究，平成26年度厚生労働科学研
究費補助金（認知症対策総合研究事業）

4)　A. Primavera, D. Audenino, and L. Cocito, *Neurology*, **62**, 1029（2004）

5)　C. T. Lin, L. W. Ko, M. H. Chang, J. R. Duann, J. Y. Chen, T. P. Su, and T. P. Jung, *Gerontology*,
56, 112-119（2010）

6)　A. Ghomashchi, Z. Zheng, N. Majaj, M. Trumpis, L. Kiorpes and J. Viventi, *IEEE EMBS*,
3138-3141（2014）

7)　J. A. Lovelace, T. S. Witt and F. R. Beyette, *IEEE EMBS*, 6361-6364（2013）

8)　V. Nathan and R. Jafari, *IEEE EMBS*, 3755-3758（2014）

9)　M. Kikuchi, Y. Wada, T. Takeda, H. Oe, T. Hashimoto, and Y. Koshino, *Clinical
Neurophysiology*, **113**, 1045-1051（2002）

4 ウェアラブルセンサによるスポーツ支援

内山　彰*

4.1 ウェアラブルセンサとスポーツ

　センサの小型化・低価格化に伴い様々なセンサを搭載した数千円から数万円程度の製品が登場し，一般ユーザでも容易に手に入るようになってきている。これらのうち，ヘルスケアやスポーツ支援に使われるセンサの多くはウェアラブル（身につけられる）センサであり，歩数のみならず階段を上がった段数など，より詳細な活動量をセンシングしたり，ジョギングや自転車などの運動における心拍数，移動経路，スピードなど種目に応じた様々な情報をセンシングできる。例えばスポーツでは，サッカーやラグビーなどの競技で選手の背中にGPS受信機を装着し，一人一人の位置を追跡することで，戦略やパフォーマンスの分析に利用されている。チェストストラップにより胸に装着するセンサでは，心拍数や加速度をセンシングし，適切な運動負荷でのトレーニングができるように自動的に指示を出してくれる物もある。

　また，身体ではなく道具に取り付けるセンサも存在する。例えば，テニスラケットに装着してサーブのスピードやストロークの種類，ボールをラケットのどこで打ったのか，といった情報がリアルタイムに取得できるセンサが販売されており，トレーニングで修正すべきポイントなどの把握に有用である。また，サッカーボールにセンサを内蔵することで，キックのスピードやボールのどこを蹴ったのか，ボールの回転数，方向，弾道などが取得できる物も存在する。

　このようなスポーツにおけるセンシングを実現するセンサは，主として動きを把握するための慣性センサ（加速度，角速度）であり，必要に応じて気圧センサ，地磁気センサ，光センサ，GPSなどが併用される。これらのセンサは大多数のスマートフォンにも搭載されている物であり，現状，実際に利用されているセンサの種類はそれほど多くない。しかし，これら複数のセンサデバイスを用途に応じて適切に組み合わせ，活用することによって，前述のように人や環境の様々な状態（コンテキスト）を推定する研究が情報科学の分野で活発に行われている。

　このような研究の一つとして，筆者のグループでは，生体情報を取得可能なウェアラブルセンサおよび環境に設置したセンサデバイスから取得可能な情報を組み合わせることで，生体情報の一つである身体深部の体温（深部体温）を推定する手法を考案している。深部体温の上昇は近年問題となっている熱中症の直接的な要因であり，運動中の深部体温を把握することは運動の安全性を高めるためにも重要である。通常，人体は体温の過度な上昇を防ぐために発汗や皮膚への血液供給などの体温調節機能により熱を体外へ放出する。しかしながら，初夏など暑さに慣れていなかったり，高齢者・子供など体温調節機能が十分に働いていない場合に熱中症のリスクが高まる。したがって深部体温を把握し，空調の調整や給水を行うことが熱中症の予防には効果的である。以降では，深部体温計測の現状や推定法の仕組みについて概説する。

＊　Akira Uchiyama　大阪大学　大学院情報科学研究科　助教

4.2　ウェアラブルセンサを用いた深部体温推定

4.2.1　深部体温計測の現状

　深部体温を計測するためには直腸や鼓膜などの部位の温度を計測する必要があるが，日常生活や運動中における継続的な計測は困難である。そのため，深部体温に近い温度として腋窩温度や口腔温度を計測することが一般的であるが，これらの部位の温度を測定するためには安静を保つ必要があり，運動などの活動中の測定は難しい。

　こういった課題に対し，運動中でも深部体温を計測できるセンサが開発されている。経口カプセル式の深部体温センサCorTempでは，カプセルが搭載した温度センサ，および通信モジュールにより非接触で体内核心部の温度を計測することが可能である。こういったセンサでは深部体温の細かい反応を計測することが可能である一方で，カプセルは使い捨てであり，受信機も高価であるためコストが高いことが問題である。また，３Ｍスポットオン深部温モニタリングシステムでは額に貼り付けた温度センサを加温し，深部体温と平衡状態にすることにより非侵襲で深部体温が計測可能である。これにより，臨床環境では利用者の負担を少なく，かつ連続的に深部体温を計測することが可能となるが，熱平衡を利用しているため，運動などによる体温の変動を捉えるには向いていないと考えられる。

　また，熱中症検知に特化したセンサとして，アメリカンフットボールなどのヘルメットに内蔵可能な温度センサが開発されている。このシステムでは選手の額の温度を連続計測し，閾値を上回る場合にコーチに警告を送ることが可能である。一方で，これまでの研究によると額の温度と脳温度の相関についての報告[1]があり，屋外環境では日射などの影響により両者の相関が必ずしも存在しないことが示されている。したがって，額の温度から高精度に深部体温を推定することは容易でない。以上のように，運動中に利用可能かつ低コストな深部体温センサは存在しないのが現状である。

　そこで著者が所属するグループでは，運動中に装着可能なウェアラブルセンサ，および環境に設置したセンサから得られた計測値をGaggeの２ノードモデル[2]に当てはめることで，運動中の深部体温を推定する方式を考案している。Gaggeの２ノードモデルは人体の熱産生，体内の熱移動，体外への熱放出を物理的にモデル化したものであり，本モデルに基づき深部体温の変化をシミュレーションすることが可能である。

4.2.2　生体温熱モデル

　人体の体温変化を評価するため，体内の熱産生，体内の熱移動，および体外との熱交換を物理的に定式化したモデル（生体温熱モデル）がこれまでにいくつか提案されている。これらの生体温熱モデルでは人体を部位ごとに分割し，各部位において隣接する部位，および外気との熱交換を逐次的に計算することで各部位の体温の変化をシミュレートする。各部位では筋肉の代謝による熱産生，血流による熱伝搬，皮膚表面での外気との温度勾配による熱移動，発汗による気化熱などを計算する。Gaggeの２ノードモデル[2]は人体を深部・皮膚の２つの層で表現したモデルであり，深部層で代謝により発生した熱は血流・伝導により皮膚層に伝わり，伝わった熱は皮膚層

と空気の温度差や発汗などの作用により体外に放出される。さらに，発汗や皮膚血流の増加といった体温調節反応を基準体温と現在の体温との差によって決定することで，暑熱環境や運動負荷に対する人体の反応を考慮している。Stolwijkが提案した25ノードモデル[3] では左右腕，左右脚，胴体，頭の6部位に人体を分割し，さらに各部位を深部，筋肉，脂肪，皮膚の4層に分割している。25ノードモデルでは，これら24部位に血流を加えた25部位で熱計算を行う。田辺らの65ノードモデル[4] では，さらに詳細な分割により詳細な部位ごとの体温変化をシミュレートすることが可能である。これらのように，分割数の多いモデルではより高精度な生体反応を再現可能である一方で入力すべき情報が多くなるという短所もある。

　高田らは2ノードモデルにおいて体調や個人差により変化する体温調整機能（発汗，皮膚血流の増加）を表すパラメータを導入し，実際に測定した7点の皮膚温度，および直腸温度に基づきパラメータを最適化することでモデルの推定値がより実測に近づくことを示している[5]。しかしながらパラメータを適切に決定するためには複数箇所の皮膚温度，および直腸温度を数十分にわたって計測する必要があり，運動時に適用することは難しい。

4.2.3 Gaggeの2ノードモデルによる深部体温推定

　運動中の低コストな深部体温推定を実現するため，我々は生体温熱モデルの1つであるGaggeの2ノードモデルに基づき，ウォーミングアップ前後において赤外線式の鼓膜温度計により深部体温を測定することで，個人差パラメータを調整し，その後のトレーニングにおける深部体温の変化を推定する手法を考案している。図1にGaggeの2ノードモデルの概要を示す。2ノードモデルでは人体を球とみなし，内側の深部層と外側の皮膚層の2層で人体を表現する。モデルでは深部層，皮膚層および外気の間の熱移動を逐次的に計算し，深部体温（深部層の温度）と皮膚温度（皮膚層の温度）をシミュレーションする。我々の考案した深部体温推定法では運動開始前に計測した深部体温，および皮膚温度を初期値として設定し，その後ウェアラブルセンサと環境センサにより計測した心拍数，気温，湿度をモデルに入力し，単位時間あたりの熱計算を繰り返す

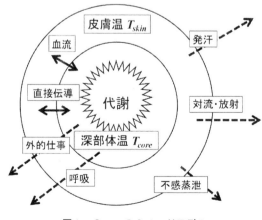

図1　Gaggeの2ノードモデル

ことで深部体温，皮膚温の時間変化をシミュレーションする。この計算の際に，体重，皮膚の総面積，運動種，衣服の熱抵抗を与える。

　2ノードモデルは最も単純な生体温熱モデルであるが，複数のパラメータを最適化することで高精度な深部体温の推定が可能であることが示されている[5]。モデルでは基準となる平常時の深部体温，皮膚温からの体温の上昇度合いに応じて発汗量，皮膚血流量が増加するが，さらに個人差を考慮するため発汗量，皮膚血流増加量の増減度合いを表す係数が組み込まれている。これらのパラメータにより，一人一人の体調や個人差に合わせた体温調節反応が再現され，精度良く深部体温の推定が可能となる。

　Gaggeの2ノードモデルでは時刻tからt＋1への体温変化を，時刻tにおける深部体温$Tcore^t$，皮膚温$Tskin^t$，および時刻tに得られたセンサの入力値により各層と外気間の熱交換を計算することにより，時刻tにおける深部体温，皮膚温の変化量$\Delta Tcore^t$，$\Delta Tskin^t$をそれぞれ得る。得られた変化量に基づき，時刻t＋1の体温を次式により計算する。

$$Tcore^{t+1} = Tcore^t + \Delta Tcore^t$$
$$Tskin^{t+1} = Tskin^t + \Delta Tskin^t$$

　最後に深部体温を測定した時刻をt＝0とし，$Tcore^0$，$Tskin^0$を入力として与えたうえで，以上の計算を時刻0から時刻t－1まで繰り返すことにより時刻tまでの深部体温，皮膚温の推定系列$Tcore^t$，$Tskin^t$を得る。深部体温，皮膚温の変化量$\Delta Tcore^t$，$\Delta Tskin^t$は熱力学に基づき算出され，基礎代謝に加えて運動により発生する熱量，発汗による熱損失や深部層と皮膚層の熱交換を担う皮膚血流などの影響が考慮される。ここではGaggeの2ノードモデルの概説にとどめ，詳細については文献を参照されたい[2]。

4.2.4　モデルパラメータのキャリブレーション

　特に深部体温が上昇した時に体温を調節する反応として，発汗と皮膚血流量の増加が存在する。発汗は気化熱により皮膚の温度を低下させるため，深部層から皮膚層に伝わった熱を効率良く逃がすことができる。一方，皮膚血流量が増加すると深部層から皮膚層に移動する熱量が増加するため，深部層の熱を低下させる働きがある。こういった体温調節の反応の速さや程度は個人差や体調によるものが大きく，Gaggeの2ノードモデルではこれらの個人差や体調を6種類のパラメータとして考慮している。これらのパラメータを適切に定めるため，我々の深部体温推定法では，トレーニングや試合の前に行うウォーミングアップの開始前と終了後のタイミングで赤外線式の鼓膜温度計により，鼓膜温度を測定し，キャリブレーションを行う。これによって，その後の深部体温の変化を個人差や体調の違いを考慮した上で，推定することができる。

　具体的には，図2のように運動中に装着可能なウェアラブルセンサより代謝量，環境に設置したセンサより気温，湿度をそれぞれ取得しGaggeの2ノードモデルに逐次入力として与える。さらに，運動の種類によって代謝量のうち体外へ仕事として放出されるエネルギーが異なるため，仕事として使用されるエネルギーの割合（外的仕事率）を運動種ごとに与える。また，熱の発生

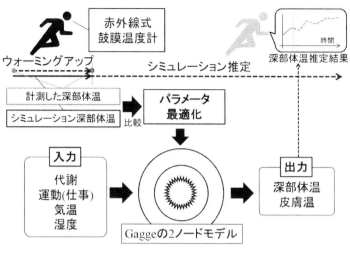

図2　深部体温推定法の概要

量や放出量はユーザの身体の体重，皮膚の総面積に比例して増減するため，運動開始前にユーザの体重と皮膚総面積をモデルに与える。加えて，深部体温，皮膚温の推定の初期値として赤外線式の鼓膜温度計，ならびにウェアラブルセンサより取得した深部体温，皮膚温の実測値をモデルに与える。

　さらにパラメータ調整のため，ウォーミングアップ終了時や休憩時に鼓膜温度計により深部体温を計測する。計測した深部体温に対し，実測とシミュレーションの誤差を最も小さくするような複数パラメータの設定値を選択する。これによって，運動中に深部体温を常時計測する必要なく個人差やその日のコンディションを反映したパラメータを決定することが可能である。本手法によって，歩行，走行，エアロバイク，テニスといった運動に対して，深部体温の平均推定誤差が0.2～0.3℃であることが確認できている。本手法の詳細については文献[6]を参照することとし，本書では概説にとどめる。

4.3　今後の展望

　深部体温は熱ストレスに対する身体の調整機能により変化するため，機械で言えばエンジンの温度と見なすことができる。したがって，熱ストレスに対する深部体温の変化に関するデータを蓄積することによって，身体の調整機能の違いを把握できる可能性がある。身体の調整機能は個人差や体調により左右されるため，例えばスポーツ選手であれば日々のトレーニングにおける身体機能の向上度合いや疲労度の把握に利用できると考えられる。これによって行き過ぎたトレーニングを防ぎ，ケガのリスクを抑えられるかもしれない。

　スポーツのトッププロの現場では，センサを駆使して取得したデータを活用した激しい競争が既に始まっている。ラグビー日本代表チームやサッカーのドイツ代表チームがGPSによる選手の

位置情報を活用し，成功を収めたことは記憶に新しい。こういったデータは今までのような戦術分析だけにとどまらず，選手一人一人のパフォーマンスや強み，弱点を多角的に明らかにし，最も効果的なトレーニングを一人一人に提案するといったデータに基づくスポーツ選手の強化に大いに役立つ。また，選手一人一人の行動データを大量に蓄積し，ビッグデータを構築することによって，ディープラーニングを用いた選手の行動予測も可能になるであろう。また，選手育成の観点からも，選手一人一人にとってベストなコーチは誰なのかを自動的に推薦してくれるような仕組みが構築できるかもしれない。加えて，目先の結果を見るのではなく，試合での戦い方や競技時の動き，身体情報などをデータ化して，大きな伸びしろを残しているジュニアの選手は誰なのか，といった分析が可能になるかもしれない。しかし，忘れてはならないのはこれらを実現するためのデータ取得には，様々なセンサデバイスの開発が欠かせないということである。

現在多くの研究者・技術者が取り組んでいる新しいセンシング・デバイスの研究開発が進めば，新しい事象のセンシングが可能になり，情報科学の技術と組み合わせることによって新たな応用が生まれることが期待される。例えば，運動の妨げにならない小型の発汗センサが開発されれば，直接センシングした発汗量を用いて深部体温をより高精度に推定できると考えられる。こういった新しく開発されるセンサの中には大きなブレイクスルーをもたらす物も存在する可能性がある。特に，生体情報を把握するためのバイオセンサは，運動時における疲労度やケガのリスクの把握，適切なトレーニング方法の提案，トレーニング効果の定量化などに関連する生体情報を直接センシングできるため，ヘルスケア・スポーツ支援に大きな変革をもたらすと考えられ，今後の研究開発動向が注目されている。

文　　　献

1) D. J. Casa *et al.*, *Journal of athletic training*, **42**, 333 (2007)
2) A. Gagge, *ASHARE Transactions*, **77**, 247-262 (1971)
3) J. A. Stolwijk, *NASA Technical Report*, CR-1855 (1971)
4) S. Tanabe *et al.*, *Energy and Buildings*, **34**, 637-646 (2002)
5) S. Takada *et al.*, *Building and Environment*, **44**, 463-470 (2009)
6) 濱谷尚志ほか，情報処理学会DICOMOシンポジウム論文集，1757-1768 (2016)

IoT を指向するバイオセンシング・デバイス技術《普及版》(B1418)

2016 年 11 月 7 日 初 版 第 1 刷発行
2023 年 10 月 10 日 普及版 第 1 刷発行

監 修　民谷栄一・関谷　毅・八木康史　　Printed in Japan
発行者　辻　賢司
発行所　株式会社シーエムシー出版
　　　　東京都千代田区神田錦町 1-17-1
　　　　電話 03（3293）2065
　　　　大阪市中央区内平野町 1-3-12
　　　　電話 06（4794）8234
　　　　https://www.cmcbooks.co.jp/

〔印刷 柴川美術印刷株式会社〕　　　©E.Tamiya, T.Sekitani, Y.Yagi,2023

ISBN978-4-7813-1709-0 C3045 ¥2900E